A BRIEF HISTORY OF SCIENCE FOR CHILDREN

科学简史

少年简读版 ④

张玉光 ◉ 主 编

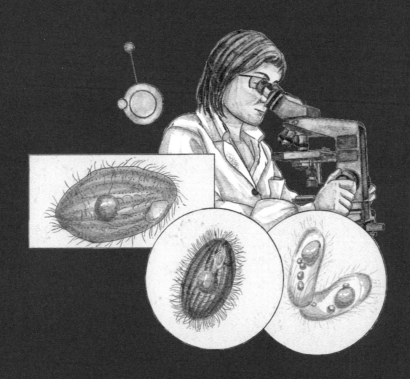

青岛出版集团 ｜ 青岛出版社

图书在版编目（CIP）数据

科学简史：少年简读版 . 4 / 张玉光主编 . —青岛：青岛出版社，2024.4
ISBN 978-7-5736-2187-0

Ⅰ . ①科… Ⅱ . ①张… Ⅲ . ①自然科学史—世界—少年读物 Ⅳ . ① N091-49

中国国家版本馆 CIP 数据核字（2024）第 075709 号

KEXUE JIANSHI （SHAONIAN JIANDU BAN）

书　　　名	**科学简史（少年简读版）**	
主　　　编	张玉光	
出 版 发 行	青岛出版社（青岛市崂山区海尔路 182 号）	
本 社 网 址	http://www.qdpub.com	
责 任 编 辑	朱子菡　张　鑫	
封 面 设 计	刘　帅	
排　　　版	青岛艺鑫制版印刷有限公司	
印　　　刷	青岛新华印刷有限公司	
出 版 日 期	2024 年 4 月第 1 版　2024 年 4 月第 1 次印刷	
开　　　本	16 开（889mm×1194mm）	
印　　　张	20	
字　　　数	400 千	
书　　　号	ISBN 978-7-5736-2187-0	
定　　　价	136.00 元（全四册）	

编校印装质量、盗版监督服务电话　4006532017　0532-68068050

前 言
PREFACE

　　在几千年前的原始社会，人们计数的方法是在绳子上打结；在新石器时代，就有人尝试过开颅手术；在古埃及建造金字塔时，就用到了物理学知识，即便当时人们还并不知道物理为何物；16 世纪以前，大多数人都以为地球是宇宙的中心，太阳也要绕着地球转……以上就是科学萌芽时的样子。

　　科学是什么？在《礼记·大学》中，有"致知在格物，格物而后知至"的名言，意思是自己获得知识的途径在于推究事物的原理，研究万事万物的规律。细想起来，格物致知可不就是追寻科学。科学是人类认识世界的重要方式，它来源于人们的生活，也改变了人们的生活，人类更是凭借无限的思考和创造，使科学日新月异，为社会文明的发展提供源源不断的动力。

　　从远古时代到如今的信息化时代，从神灵崇拜到科学大爆发，从西方到东方，人类文明不断发展，科学的成就灿若繁星。

　　撷取科学发展的重要里程，我们编写了《科学简史（少年简读版）》。翻开这本书，你会发现一个全新的科学世界，从天文学、数学，到物理学、化学，再到生物学、医学……一套书带你快速了解科学史上的重大发明与发现。我们用简洁而详实的文字叙述，用精美而多彩的画作描绘，帮助小读者们了解科学演变的历史，认识一位位闪闪发光的科学家，引发对科学的思考。

目 录
CONTENTS

第一章
物理学（下）

第二章
生物学

物理学（下）

第一章

物理学包罗万象，我们已经知道了物理学中力、电与磁的发现与发展，接下来便要探究光、热以及能量转换等物理学的奥秘。

几何光学

虽然人类对光学的研究起源很早，而且随着认知程度的加深，也相继研制出了一些眼镜、透镜光学元件。可直到 17 世纪，光学发展才迎来历史性的转折点。在此期间，物理学家们更倾向于讨论光学成像以及光的传播等性质问题。之后，人们便将这一独具特色的光学分支统称为"几何光学"。

人们称开普勒是近代光学的奠基人。

▲ 开普勒

写下"几何光学"的前言

提到几何光学，有一个人的名字不得不提，他就是约翰尼斯·开普勒。不要以为这个"科学大神"只在天文学上颇有建树。事实上，开普勒曾仔细研究过针孔成像，并从几何光学的角度对它进行了具体的论述。另外，他还钻研过光的折射等问题，较早地阐释了有关光束和光线的表示方法。

▼ 威里布里德·斯涅耳

斯涅耳最早发现了光的折射定律。

"隐居"多年的折射定律

荷兰物理学家威里布里德·斯涅耳同样在几何光学方面有着突出的成就。他在进行实验的过程中，发现了光的折射定律。不过，当时斯涅耳既没有对它进行理论推导，也没有将这一伟大发现公之于众，而是默默地留在了手稿里。直到多年以后，人们才在他的手稿中发现了蛛丝马迹。

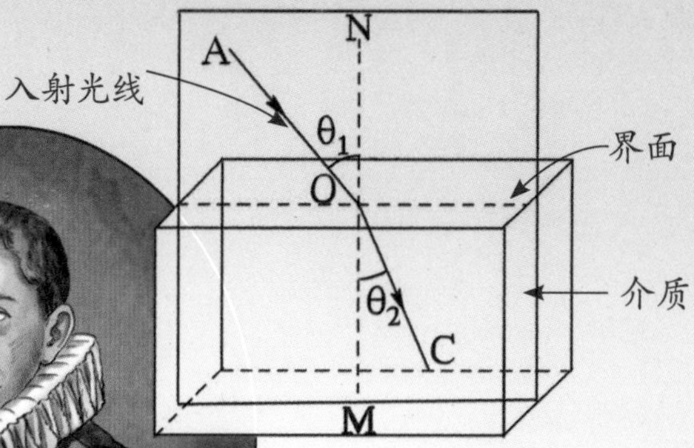

入射光线

θ_1

N

界面

O

介质

θ_2

C

M

▲ 光的折射定律概念图

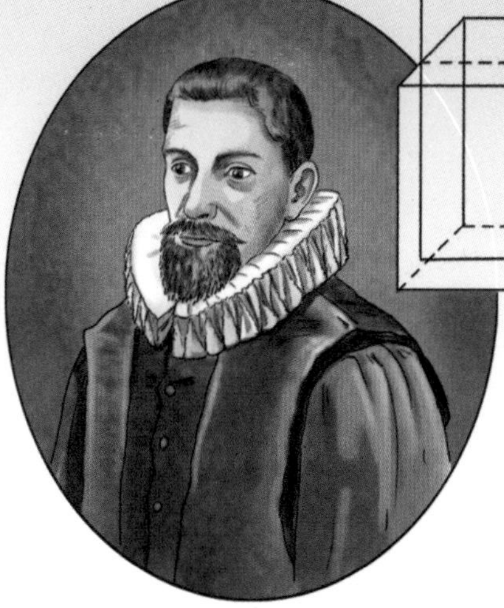

◀ 开普勒

▼ 费马

费马原理——几何光学的基础

　17世纪60年代，法国著名科学家皮埃尔·德·费马提出了对科学界影响深远的"费马定理"。他站在光学前辈们的肩膀上提出，光在传播的过程中，通常会沿着"极值"路径"行走"。后来这一说法被解释为光会沿着最短的路径传播。依据费马定理，我们可以通过数学方法得出几何光学的三大定律。

　几何光学的三大定律：光在同种均匀的介质中沿直线传播；光于界面发生反射，当入射线、反射线和法线在同一平面内时，入射角等于反射角；光通过不同介质界面时产生折射，入射线、折射线、法线在同一平面内，入射线、折射线位于法线两侧。

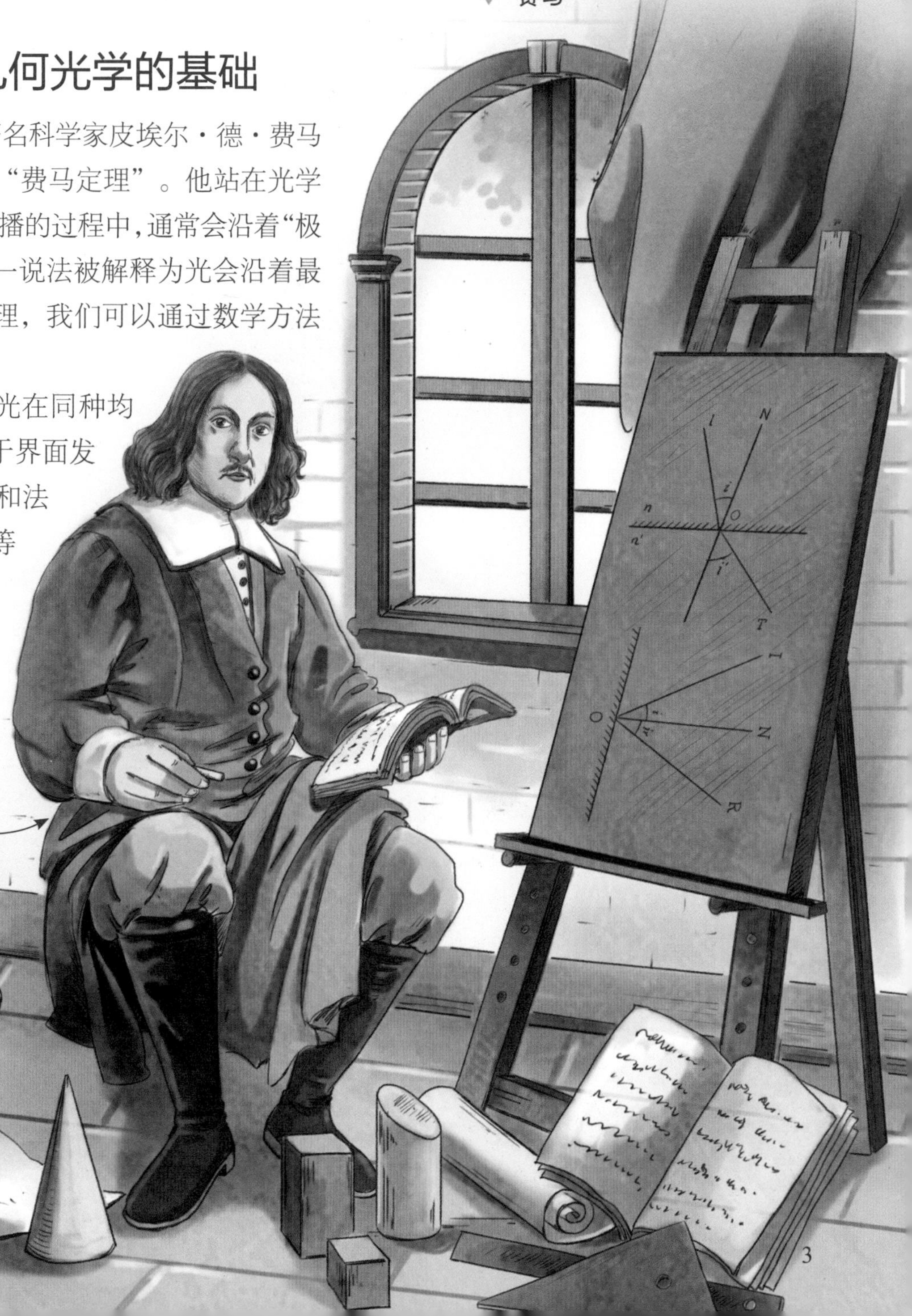

费马是律师，也是一位伟大的数学家。

3

光跑得有多快？

光速作为一个常量，是物理学中非常重要的一个知识点。其实早在亚里士多德时期人类就已经开始推测光在空气（真空）中的传播速度了。光能跑多快，这可不能像田径比赛一样通过时间来测量。一直以来，物理学家们一直在测定光速的道路上寻找一个科学的方法，最终完成了这项伟大的工程。

伽利略是第一个尝试测量光速的人。

▲ 伽利略

探索光速的第一人

在人类早期的意识中，一直认为光速是一个无限值，没有固定的时间概念，这直到笛卡尔时代这都是社会的主流观点。敢于挑战权威的人都是勇者，伽利略这位具有先锋精神的挑战者，一直认为光的传播速度即使再快也应该可以被测量出来。于是在 1607 年，他首次进行了关于光速测定的实验，不过这个实验有些简陋，并没能成功。这算是揭开了人类探索光速的帷幕，后人在他的影响下也纷纷寻找可以测定光速的办法。

简陋的实验，不朽的意义

伽利略作为第一个意识到光速是可以被测量的人还是十分伟大的。他的实验过程现在看来极为粗糙。他让两个人拿着灯分别站在距离 1 英里的两座山上，然后第一个人打开灯，第二人在看见灯光时也立即打开手里的灯，通过测量第一个人打开灯到他看到第二人的灯光的时间来测量光的速度。不过光速实在是太快了，这个实验以失败告终。

▼ 伽利略的测量光速实验

目前科学界公认的光的速度是 299792.458 km/s，伽利略的实验是无法观测到的。

光速是如何被测量的

　　伽利略的光速实验后约 70 年，也就是 1676 年，丹麦天文学家罗默通过一种天文测量法也就是观察木星卫星的星蚀周期来测量光速。他认为木星卫星星蚀的延迟就是光速，但是这一观点在当时并没有被采纳，直到 1728 年英国天文学家布拉得雷通过观测恒星的光行差现象，估算出了光速值，才算是为罗默正了名。此后的一个世纪，光速测定都是停滞不前，19 世纪中期法国物理学家斐索利用齿轮法成功测量出光速值为 312000km/s，之后数年，科学家们络绎不绝地提出了一个又一个光速值，直到现代物理学家们用激光器精确测量出了光速值。

▼ 奥勒·罗默

罗默在巴黎皇家天文台工作期间，首次对光速进行了定量测量。

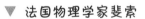

▼ 法国物理学家斐索

斐索首先在地面上测出了光速。

测量光速的深远意义

　　光速的测定历程虽然曲折，但物理学家们的不懈努力终于有了回报。在光学的研究史上，这是一个伟大的成果。这一串小小的数字，不仅向人类展示了物理实验的精准性，也让人类意识到科学向前发展的不可逆性。光速测量作为光学后期发展的奠基理论，就像漫漫星河中一颗不能被忽视的明星，指引着光学不断向前发展……

物理光学的奠基者 ——菲涅耳

众所周知，光学是物理学中重要的分支学科。就像一提到牛顿就会想到经典力学，说到光学就不得不提到一位法国的物理学家菲涅耳。我们知道，牛顿对物理学的贡献之大，使很多人将他的话奉为真理。所以在此之前，人们一直对他的微粒说坚信不疑，可是随着时代的发展，科学家人才辈出，他们开始向权威发起挑战，而菲涅耳就是其中一位。

惠更斯是荷兰物理学家、天文学家，提出了光的波动性。

▲ 惠更斯

波动说与微粒说的丝丝绕绕

折射定律和反射定律的提出使得光学可以自立门户，成为一门独立的学科。而光学自面世时起就有两个声音在互相纠缠，一个是以牛顿为首的光的微粒说，而另一个则是荷兰物理学家惠更斯提出的光的波动说。后来科学家托马斯·杨曾用实验证实了光的干涉性，也就佐证了光的波动说。1816年，菲涅耳的一篇关于光的衍射的论文才使得光的波动说得到了科学界的普遍认可。不过这并不表示光没有粒象性。随着麦克斯韦理论以及电磁光谱的确立，人们终于发现原来光是有波粒二象性的。

◀ 托马斯·杨

英国医生、科学家，也是光的波动说奠基人。

托马斯·杨被誉为"最后一个什么都知道的人"。

菲涅耳透镜可以向中心聚光。

菲涅耳透镜也被称为螺纹透镜。

▲ 应用于灯塔中的菲涅耳透镜

菲涅耳被誉为"物理光学的缔造者"。

▼ 菲涅耳

惠更斯—菲涅耳原理

著名的荷兰物理学家惠更斯在17世纪时提出了光的波动说，虽然对光的衍射现象有所预言，但并未做出详细的解释。而菲涅耳在惠更斯原理和干涉原理的基础上，也就是在次波概念的基础上加入了次波相干叠加的概念，建立了以他们的名字共同命名的惠更斯—菲涅耳原理。这个原理对后世的影响极为深远，以至于现在很多实验元件都被贴上了菲涅耳的标签。

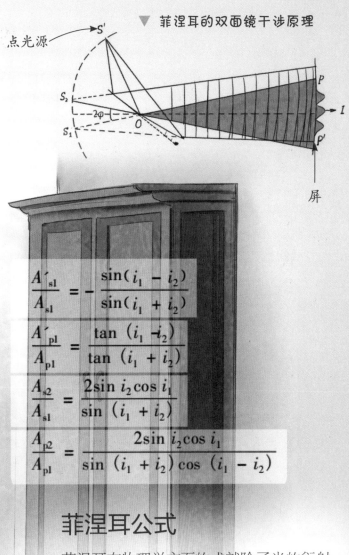

▼ 菲涅耳的双面镜干涉原理

点光源

屏

$$\frac{A'_{s1}}{A_{s1}} = -\frac{\sin(i_1 - i_2)}{\sin(i_1 + i_2)}$$

$$\frac{A'_{p1}}{A_{p1}} = \frac{\tan(i_1 - i_2)}{\tan(i_1 + i_2)}$$

$$\frac{A_{s2}}{A_{s1}} = \frac{2\sin i_2 \cos i_1}{\sin(i_1 + i_2)}$$

$$\frac{A_{p2}}{A_{p1}} = \frac{2\sin i_2 \cos i_1}{\sin(i_1 + i_2)\cos(i_1 - i_2)}$$

菲涅耳公式

菲涅耳在物理学方面的成就除了光的衍射之外就是偏振。这一成就的达成也少不了他的朋友阿拉戈的支持。他们两个人发现了偏振光的干涉作用，进一步证实光是一种横波。之后，他又发现了圆偏振光和椭圆偏振光。除此之外，他还推导出了用来描述反射定律与折射定律定量规律的菲涅耳公式。

光谱学的建立

相信大家都知道，音乐有乐谱，炒菜有菜谱，说一个人办事不力，叫作不靠谱。但你知道光也是有光谱的吗？在 19 世纪以前，"光谱"只能算是一种正在被发现的新生事物，只在科学界小范围传播。直到 19 世纪初，它才真正成为一门独立的学科而被人熟知。

▼ 夫琅禾费向朋友展示分光镜

夫琅禾费自己设计制造了许多光学仪器。

太阳光谱中这些暗线被称为夫琅禾费线。

夫琅禾费制造的望远镜

光的"协奏曲"

探索光谱学的建立与发展，我们就要穿梭时光回到 1666 年。这一年，牛顿通过三棱镜实验分析出太阳光从红色到紫色的光谱，让人们了解了白光是由多种颜色的光组合而成的。到了 18 世纪，科学家沃拉斯顿做了一个实验，将太阳光穿过狭隙，发现了扩展出的光谱中有暗线。不过他虽然发现了这个神秘的玩意，却并没有继续深入研究。后来，这个可以轰动世界的成就由另一位德国工业物理学家夫琅禾费达成了。

日食

夫琅禾费线

1787 年夫琅禾费出生在德国一个普通家庭，他是一位自学成才的物理学家。不过这并不代表他没有受到家人的影响。因为他的父亲是个玻璃工匠，所以夫琅禾费一开始也是在一个光学工场当工匠。1814 年，他也发现了光谱中的暗线现象，并且找到了合适的办法加以研究，而后人为了纪念这一伟大的发现，将这些暗线命名为夫琅禾费线。1821 年他通过定量研究衍射光栅，将光分解成为光谱，同时制作出了可以检测光波长度（由 260 条平行线组成）的光栅，直到现在光栅依然为光谱学的发展进步发光发热。

本生和基尔霍夫

基尔霍夫和本生的光谱化学分析法

德国物理学家夫琅禾费对光谱学的重大影响使得当时光学研究的黄金时代一直由德国独领风骚。1859年同样是德国的物理学家本生和基尔霍夫，在夫琅禾费研究的基础上发明了分光镜，从而创立了影响后世的光谱化学分析法。这一方法的提出不仅对物理学，也对化学元素的研究意义深远。

本生和基尔霍夫一起发现了新元素。

小百科

夫琅禾费通过衍射原理，发现光谱中的暗线波长各有不同，于是他将这576条暗线分别命名并汇制成表。后来他在此基础上测量出了不同种类光学玻璃的折射率，为日后能研发出质量更高的光学玻璃打下了基础。这一发现，为他当时任职的公司，甚至是整个德国的光学事业带来了巨大的财富。

探索光谱的意外收获

光谱化学分析法的出现，使得科学家发现了许多新的元素。1859年，基尔霍夫在太阳光谱中发现了钠元素。1868年，法国天文学家让桑和英国天文学家洛克耶在一次日食期间，发现了太阳光谱中有一种与地球上已知元素都不相同的新元素，后来为其取名为"氦"。

小百科

氦元素第一次在地球上被分离确认是1895年。

让桑观测到了日全食，并在日全食光谱中发现了一条前所未见的黄线。

让桑

神秘的多普勒效应

耳朵可以让我们听见声音，轻声细语或是震耳欲聋，我们通过各种词汇来描述我们听到的声音。可是声音为什么会有大小之分呢？这又是什么原因造成的呢？这个答案就可以用多普勒效应来解释。

多普勒是奥地利物理学家和数学家。

◀ 多普勒

多普勒的一个思考

多普勒效应的名字来源于一位奥地利的物理学家多普勒，他在 1803 年出生，家族事业跟石头有关。不过因为他自小体弱多病，所以家里人只期望他平安长大，并没有想让他继承家族事业。我们常说数理不分家，大部分物理学家的数学才能也十分卓著，多普勒就是如此。不过他大部分时间都在从事数学教育工作，最著名的成就则是在物理学方面，那就是我们常说的"多普勒效应"。

一个思考的伟大意义

听到多普勒效应这个名字你就能知道，这是多普勒发现的一个原理。那么他是如何想到的呢？这还要从 1842 年说起。有一次他带着几个孩子在火车轨道附近玩，一辆火车轰隆隆地从远处呼啸而来，也许声音太大了，他们捂上耳朵，不过随着火车渐行渐远声音也越来越小。普通人可能会目送火车走远就算了，而多普勒却产生一个疑问：为什么火车的汽笛声，会有强弱、高低的区别呢？这是什么原因造成的呢？这个疑问不简单，它的答案成为物理学史上被应用最广泛的理论之一。

火车驶来，汽笛声响起。

▼ 多普勒效应原理

当火车已从人的身旁驶过，观测者在波源的后面，则会产生相反的效应。

当火车正驶来时，观测者在波源的前面，此时声波的波长较短，汽笛声渐渐增高。

多普勒效应的解释

我们知道，科学家用了漫长的时间来研究光在真空以及空气中的传播，就有了光波的说法。事实上，发声体的振动在空气或其他物质中的传播就叫作声波。声波在传播的过程中，观测者与波源之间发生相对运动时，观测者得到的频率与波源的振动频率就会不同。这就解释了，为什么发声体离我们越近声音越强，而离我们越远声音就减弱。

随处可见的多普勒效应

当然伟大的理论不仅限在某个或几个领域，如今我们随处都可以看到多普勒效应的广泛应用。比如科学家将多普勒效应用到光学和天文学的研究当中，发现了"宇宙红移"现象。随着现代科学的发展与科技进步，多普勒效应在医学领域也被广泛应用，除此之外与我们息息相关的气象和交通方面也离不开多普勒效应。

多普勒效应广泛应用于天文、雷达及医疗等领域。

▶ 应用多普勒效应的激光测振仪

11

并不存在的 "以太"

　　"以太"这个词被亚里士多德作为描述精神与永恒的一个元素，它一直影响着许多科学家的研究。然而时代向前发展，人类文明进步，人们开始怀疑"以太"的真实性，科学家们花费了大量的时间，最终得出了"以太"只是一个虚构的词汇，它并不存在的这一事实。

▼ 科学家们用"以太"解释世界。

"以太"的由来

　　"以太"是由英文 ether 音译过来的。这个概念最早出现在古希腊的哲学领域。泰勒斯时期，认为"以太"是空气的蒸发。后来不同的学派对"以太"的描述也不尽相同。19 世纪时，"以太"随着西方近代科学一起传入中国。那时许多文人学者一直将它作为宇宙万物的本原。

他是西方哲学史上第一位哲学家。

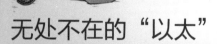

◀ 泰勒斯

无处不在的 "以太"

　　"以太"作为一个不能被具化的概念，一直备受推崇，科学家们总用其来解释自然现象。17 世纪开普勒、笛卡尔等人用它来解释宇宙中的各种现象；到了惠更斯和胡克时期，它又成了一个光波动的媒介。就连伟大的牛顿也用诠释过它在力学中的作用。19 世纪，随着人类对光学的研究，"以太"又被赋予了各种各样的能力和作用。

当时很多人认为"以太"组成了宇宙万物。

"以太"退出历史舞台

实践才是检验真理正确与否的唯一标准。虚拟的事物总该有被合理化的权利，也有被淘汰的结局。20世纪初，随着爱因斯坦相对论的建立，物理学家们开始认识到"以太"如果真实存在的矛盾性。加之量子力学的发展，物质波粒二象性的发现，人们才开始逐渐摒弃了"以太"。

▼ 迈克尔孙

美国物理学家，1907年获得诺贝尔物理学奖。

美国物理学家、化学家

▼ 莫雷

▲ 迈克尔孙—莫雷实验

迈克尔孙—莫雷实验

为了验证"以太"是否真实存在，他们设计了一个实验：将一束光在半反射镜上分为两束，再分别射向不同的镜子，根据地球相对于"以太"在运动这一理论，观察两束光干涉条纹的移动。如果"以太"真的存在，那么干涉条纹一定会移动，然而无论他们怎么移动光束的位置，所获得的结果都趋于一致，干涉条纹没有移动。

早期热学研究

热学通俗点说就是人类对于冷热概念的探索 与研究。追溯到原始社会，人们对火的利用就可以称得上是对热学最早的认识。早期在东方和西方也都有关于"火"的说法，也应该算是对热学的认识。

▶ 华伦海特发明了水银温度计

华伦海特是德国物理学家、工程师。

他制定了华氏温标，从此温度数据测量就有了衡量标准。

"温度"是从何时能被测量的

现在我们通常用温度来衡量某种物质是热还是冷。那么问题来了，温度标准和测温工具到底是怎么来的呢？其实在 1592 年，伽利略这位伟大的科学家就曾发明过一个空气温度计。到了 1632 年和 1641 年，科学家让·莱伊和托斯卡纳大公斐迪南二世又先后发明了以水和酒精为测温物质的温度计，这在当时还是极为轰动的发明。

热量与温度的关系

温度计的发明，可以称得上是热学研究的开端。因为有了这个发明，科学家约瑟夫·布莱克才能开始对热进行定量研究，1760 年布莱克发现不同物质在发生相同的温度变化时，所需的热量是不同的。也就是说，从布莱克开始，人们终于将热量与温度区分开来。

▼ 布莱克潜热实验

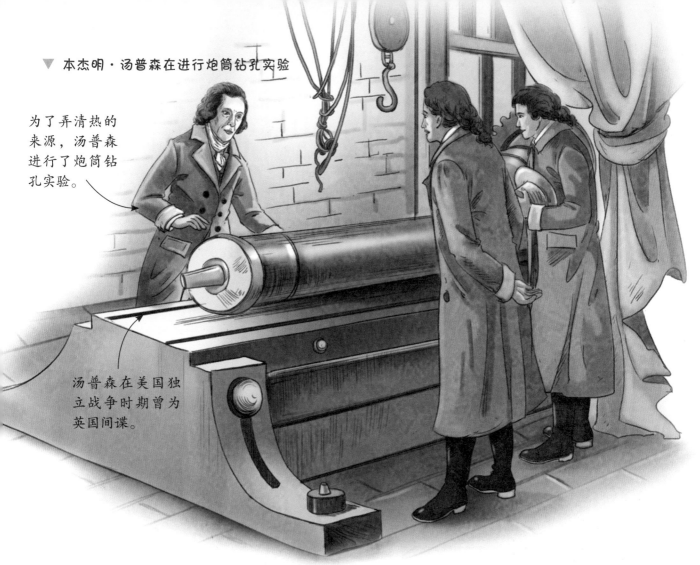

▼ 本杰明·汤普森在进行炮筒钻孔实验

为了弄清热的来源，汤普森进行了炮筒钻孔实验。

汤普森在美国独立战争时期曾为英国间谍。

热是一种运动

那时一些科学家认为热是一种流体。不过很快这一说法就被朗福德伯爵本杰明·汤普森给推翻了。后来他通过炮筒钻孔实验，发现炮筒和钻头之间产生的热量足以使水沸腾。因此他得出了"热"是一种运动的结论。

▼ 瓦特思考如何改良蒸汽机

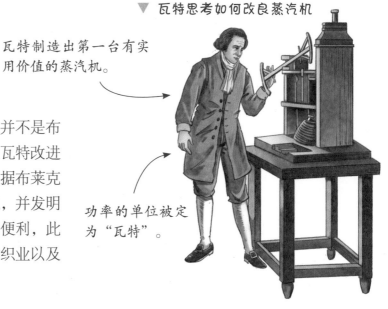

瓦特制造出第一台有实用价值的蒸汽机。

功率的单位被定为"瓦特"。

把"热"利用起来

将布莱克研究成果综合利用起来的人并不是布莱克本人，而是詹姆斯·瓦特。我们知道瓦特改进了蒸汽机，他与布莱克一直是朋友，他根据布莱克物态相变的"潜热理论"，改良了蒸汽机，并发明了分离式冷凝器。这是"热"带给人类的便利，此后利用"热"制造的机器被广泛应用于纺织业以及交通事业上。

能量转换及守恒定律

"能量"这个词开始被人们所承认，要推算到 19 世纪中叶。那时人们意识到，任何物质的活动形式都可以被转化为其他形式，并且总量保持不变。在这一科学原理被人们所接受的过程中，很多科学家都付出了努力，并得出了很多能被后人加以利用的原理和定律。

"能量"的循环

说起能量守恒定律，大家最熟悉的人一定是焦耳，但事实上最早提出这一概念的是德国的物理学家尤利乌斯·罗伯特·迈尔。人依靠什么来维持正常的体温？这些热量又是怎么来的？食物可以提供热量是因为在生长过程中吸收了太阳的光和热吗？于是，能量可以转化这一早期认识，就在迈尔的脑袋里产生了。

迈尔随船队到达爪哇。通过为船员们放血治疗，迈尔发现了血液颜色与环境温度有关。

迈尔

迈尔是一位医生。

重物

装水的容器

▲ 焦耳热功当量实验示意图

詹姆斯·普雷斯
科特·焦耳

▲ 焦耳研究电流热效应的实验

能量转换及守恒定律

与迈尔同一时期研究"能量"的人还有道尔顿的学生焦耳。他比迈尔幸运，不过这个运气不是凭空来的，是他经过了 400 多次实验，废寝忘食地钻研得来的。1841 年，焦耳通过实验发现传导电流将电能转换为热能过程中，相关数值成正比，这一结果被称为焦耳定律。随后，他又开始钻研热与机械功之间的当量关系，并于 1843 年发表了名为《论电磁的热效应和热的机械值》的论文。直到 1847 年，在他首次向人类准确地诠释"能量"原则之前，他一直没有放弃实验论证。后来人们将能量或功的导出单位命名为"焦耳"，以此来纪念他为科学事业所做出的巨大贡献。

亥姆霍兹——
力的守恒

▼ 亥姆霍兹

亥姆霍兹线圈是一种
电磁学实验设备。

德国物理学家亥姆霍兹在迈尔和焦耳提出的能量守恒理论基础上，将牛顿的力学和拉格朗日力学以数学的方式加以解释，同时还分别论证了当时已知的力学、热学乃至化学的各种运动之间的能量转化，然后发表了《力之守恒》这本著作。可以说是对能量守恒定律又一强有力的佐证。

亥姆霍兹全名为赫尔曼·冯·亥姆霍兹。

热力学定律

热学理论包含两个内容，一个是热力学，另一个则是统计物理学。热力学作为热学的宏观理论，是研究物体所表现出的热现象以及它在运动、变化和发展中所遵循的基本规律。这也就有了我们接下来要了解的内容——热力学中最基本也是最重要的热力学定律。

热力学第零定律

看到这个名字你肯定想当然地认为这是最早的热力学定律，其实不然。这条定律比第一、第二定律晚了 80 多年，是由英国科学家拉尔夫·福勒在 1931 年提出的。不过虽然它出现得晚，却是其他几条定律的基础，并且在日常生活中用到的频率也很高。它通常被这样描述：如果两个热力学系统分别与第三个热力学系统达到热平衡状态，那么这两个热力学系统之间也相互处于热平衡状态。

▼ 热力学第零定律的适用场景模拟

▼ 拉尔夫·福勒

如果有人发烧了，我们会先用自己的手摸摸自己的额头，然后再用同一只手摸摸另一个人的额头。其原理就符合热力学第零定律。

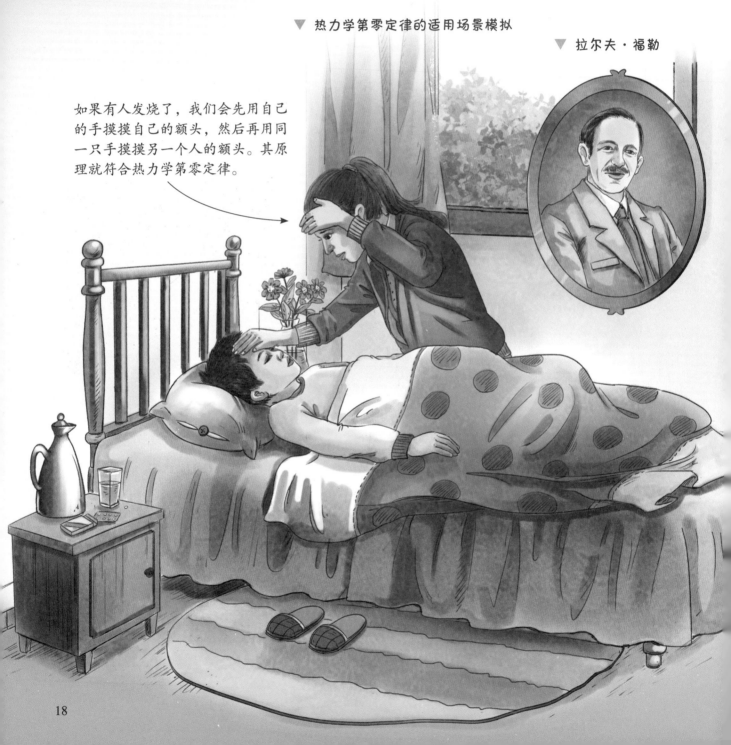

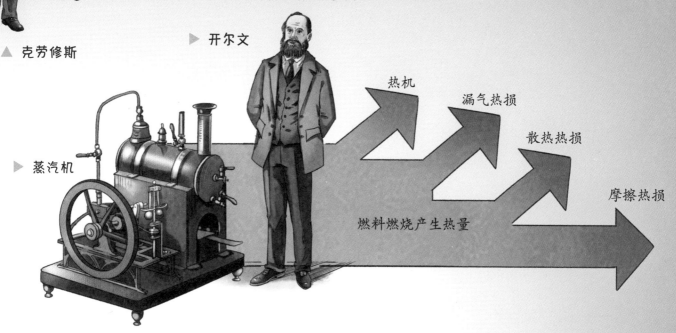

热力学的
主要奠基
人之一

▲ 克劳修斯

▶ 开尔文

▶ 蒸汽机

热机

漏气热损

散热热损

摩擦热损

燃料燃烧产生热量

热力学第一定律——能量守恒在热学中的诠释

热力学第一定律通常被认为是能量守恒定律在热学中的具体体现。我们知道在能量守恒定律确立的过程中，迈尔和焦耳的贡献都十分巨大。不过除了他们之外，还有一些科学家，比如科耳丁和亥姆霍兹等等，都为之做出了努力。热力学第一定律是在蒸汽时代被确立的。这时人们已经开始对能量以及能量间的相互转化有了正确的认识。热力学第一定律也就是内能、热量和功三者之间相互转化的定量关系。

热力学第二定律——过程不可逆性

说到这个定律，可以称得上是热力学中最令人费解的定律之一。科学家鲁道夫·尤利乌斯·埃马努埃尔·克劳修斯和开尔文勋爵（原名威廉·汤姆逊）分别于 1850 年和 1851 年提出了对这一定律的两种表述。克劳修斯认为，热量从低温物体向高温物体转移时一定会产生其他影响；开尔文也认为，从单一热源取热后完全转换为功而不产生其他变化的现象是不存在的。这两种分别对热量传递以及热功转化的表述组成了严谨的热力学第二定律，也就是说明了自然界一切与热有关的宏观过程的不可逆性。

▼ 绝对零度不可达

热力学第三定律——没有绝对的零度

这条定律是由德国物理学家、化学家瓦尔特·赫尔曼·能斯特提出的，他也因此获得了 1920 年的诺贝尔化学奖。热力学第三定律被称为"热力学大厦的封顶之作"，它起源于绝对零度这一概念。能斯特通过实验论证了"不可能通过有限的循环使物体冷却到绝对零度"，就是对第三定律"绝对零度不可达"的原理表述。

▶ 能斯特

爱因斯坦

物理巨匠——爱因斯坦

说到爱因斯坦想必大家都不陌生，他是 20 世纪最伟大的科学家之一，对人类文明的进步与发展可谓贡献不小。我们都知道他的成就囊括了科学界的各个领域，特别是物理学方面尤为突出。有人说他是继牛顿之后另一位物理学巨匠，想来没人会反对这个说法。那么他在物理学方面都有哪些成就呢，让我们一起来回顾一下吧！

玩转"光"的领域

爱因斯坦在普朗克量子理论的基础上，提出了光量子假说。他认为，光既可以是一种波，也可以是一种粒子。这是历史上第一次承认光的波粒二象性。他在光量子理论基础上推导出的光电效应定律，成为他 1921 年获得诺贝尔物理学奖的依据。当然他在自己提出的理论基础上不断升华可能不算什么，但他的理论也影响着其他科学家的研究。比如薛定谔就受玻色—爱因斯坦统计的启发，在德布罗意波理论的基础上建立了波动力学。美国物理学家派斯因此将爱因斯坦看作波动力学的教父。

 玻尔

原子与分子的自发与受激辐射

在光量子论的基础上，爱因斯坦结合玻尔的量子跃迁概念，又提出了原子与分子的自发与受激辐射概念。也就是说原子或分子在"受激"时与另一个有一定波长的光相互冲击，就可以释放出比射入光强度更高的光，如果一直重复这一动作就可以得到一束强度最高的光，这就是后来被我们应用于各种领域的激光。

分子实在性

分子是统计物理学的基础，由阿伏伽德罗最早提出。爱因斯坦一直努力找寻各种方法测定阿伏伽德罗常数 N_A 的值，以此来证明分子的实在性。他曾利用黑体辐射长波的极限测得过 N_A 的数值，此后又提出五种测定方法并且得到了近乎一致的 N_A 值，从而证明了分子实在性。这让当时一直不承认原子论的科学家们甘拜下风。

布朗运动

布朗运动是指在许多物理现象中，都存在一些微小的粒子在做着细小并且毫无规则的运动。这一理论是植物学家布朗提出的。爱因斯坦认为布朗运动产生的原因是分子间相互作用发生碰撞时，使微粒两侧的作用压力之间产生了无规则的差异。后来科学家佩兰证实了爱因斯坦的这个理论并且因此获得了诺贝尔物理学奖，而爱因斯坦作为这个理论的提出者却没有获得任何荣誉。

▼ 布朗运动

每条折线是一个粒子每隔一段时间所在位置间的连线。

他利用显微镜观察悬浮于水中的花粉微粒时，发现了布朗运动。

▲ 罗伯特·布朗

爱因斯坦是天才的代名词。

爱因斯坦创立了光量子假说、相对论等。

狭义相对论——推动物理学理论的革命

1905 年，爱因斯坦在论文《论动体的电动力学》中，详细明了地阐述了狭义相对论的概念。这是他在物理学史上最伟大的成就。他阐述的两个原理即狭义相对性原理和光速不变原理。狭义相对论的提出就像是在科学界投放了一枚原子弹，掀起了一场物理学的理论革命。

爱因斯坦提出了狭义相对论和广义相对论。

▲ 爱因斯坦

▼ 四维时空

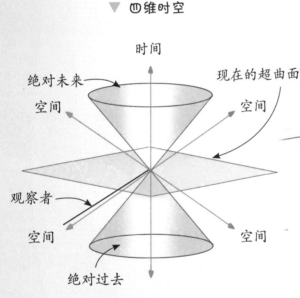

时间

绝对未来

空间

现在的超曲面

空间

观察者

空间

空间

绝对过去

索尔维会议的一员

索尔维会议是比利时化学工业家和社会活动家索尔维首倡的。作为物理学界殿堂级的重要会议，能参加的物理学家都是世界上最为优秀的。1911 年，爱因斯坦受邀参加了第一次索尔维会议。

▼ 1927年索尔维量子力学会议

这是一张号称"史上智商最高的人物合影"照片。

推崇反战主义的和平卫士

我们知道，爱因斯坦出生于德国，但因为他是犹太人总受到歧视，所以后来他就入了瑞士籍。第一次世界大战时，他就曾经签署过一个反战宣言。到了第二次世界大战时，德国纳粹对犹太人的迫害异常残忍。爱因斯坦辗转从瑞士逃到了美国，后来就入了美国籍。不过他从未放弃阻止战争保卫和平，在去世的前一天，他与伯特兰·罗素一起签署了《罗素—爱因斯坦宣言》，这份文件成为推动反战和平运动的重要文献。

罗素是英国哲学家、数学家、历史学家等。

▲ 爱因斯坦　　　　▲ 伯特兰·罗素

不断前行的物理学

因为战争的关系，20世纪前半程的人类社会十分动荡不安，可这并没有阻止物理学的车轮滚滚前行。要知道，作为自然科学的"领头羊"，物理学在此期间取得了一系列重大成就。进入21世纪以后，虽然物理学前进的步伐放缓了，但我们有理由相信，随着一个又一个物理难题被攻克，物理学也必将迎来颠覆性的突破。

诺贝尔奖奖章

用科技走近量子世界

很长一段时间内，尽管诸多物理学家投身于有关量子的研究之中，可量子始终处于"被解释"的阶段。不过，因为科技的进步，一切都变得不同了。现在我们可以通过各种先进技术走进量子世界，观察、移动神秘的分子、原子，甚至还能研究分子内部的动力学过程。这一切意味着人类对量子的研究已经步入了"可调控"阶段。

▲ "触摸"量子

2012年，法国物理学家阿罗什和美国物理学家维因兰德各自研究、发明出了一种特别的实验方法，可以在保持个体粒子量子力学属性的前提下，对它们进行直接观测。而这两位物理学家也因此获得了诺贝尔奖。

"上帝粒子"初现世

2012年，物理学界发生了一件震惊世界的大事。欧洲核子研究中心的研究人员用大型强子对撞机发现了希格斯玻色子。要知道，希格斯玻色子可以称得上是"塑造世界万物的粒子"，有"上帝粒子"的雅称。而这一发现无疑使粒子物理学的发展向前迈进了一大步。

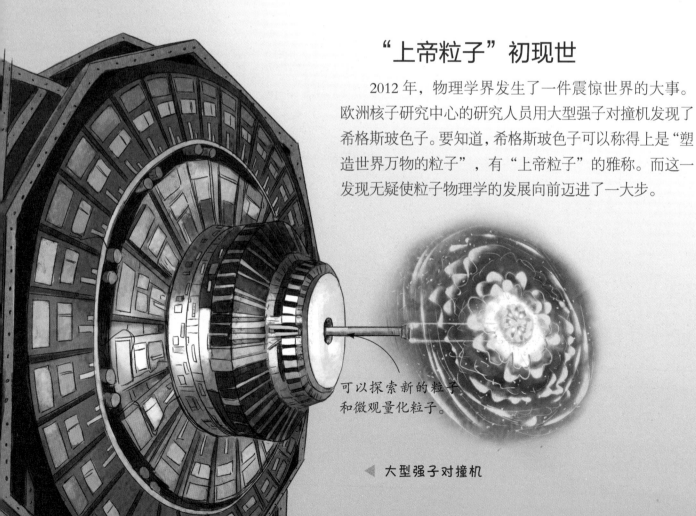

可以探索新的粒子和微观量化粒子。

◀ 大型强子对撞机

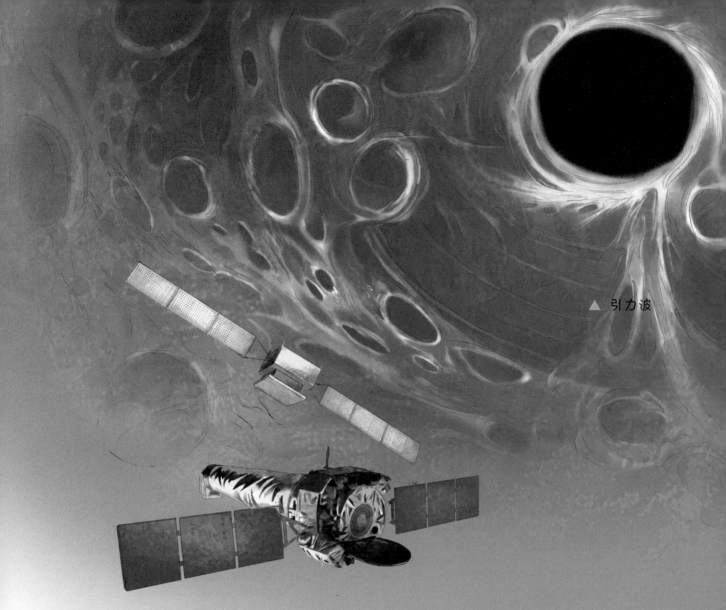

引力波

看到引力波的真身

早在很多年前，伟大的物理学家爱因斯坦就在广义相对论的基础上，预言宇宙中存在引力波。只是这一猜想一直没有被证实。直到2015年，美国激光干涉引力波天文台（LIGO）第一次探测到了引力波，人类关于引力波的探索才迎来突破性的进展。没想到，2017年人们运用LIGO和Virgo（处女座干涉仪）成功捕捉到了两个中子星并合产生的引力波信号。引力波再次真正地走进人们的视野。

谜中之谜暗物质

众所周知，在20世纪，人类对于暗物质的探索基本处于理论阶段，并未有什么实质性的重大发现。暗物质到底是什么？它具有怎样的性质？它是不是真的存在？……一系列问题一直深深困扰着物理学家们。而在2006年美国天文学家通过钱德拉X射线望远镜偶然观测到了星系碰撞的画面，由此发现了暗物质存在的证据。但不可否认的是，如今我们仍然对暗物质知之甚少。所以，人类要想掌握暗物质的具体信息，还有很长的路要走。

简称LIGO

激光干涉引力波天文台

25

第二章 # 生物学

生物学是研究生物的生命现象、本质和规律的科学。一切生物学的知识都来源于人类对大自然的观察和实验，从数万年前起，生物学便开始萌芽，但那只是对植物与动物的简单认识，如今生物学已发展为一门科学，研究的对象更是不断地拓展深入，研究成果也应用在人类生活的方方面面。

生物学的曙光

人类对生物学的探索大概来源于早期的生活经验。为了生存需要，我们的祖先学会了就地取材，用动植物做食物，用树叶、动物皮毛做衣服，后来还慢慢学会了栽种庄稼、驯养动物。而生物学的知识就是这样在实践中一点一点积累起来的。

采集食物

原始社会时期，生产力水平低下，人们为了填饱肚子，只能到大自然中去寻找可以吃的食物。可是，很多野果、野菜都是有毒的，不少人因此中毒甚至失去了生命。经过多次尝试，他们终于掌握了如何分辨植物，知道哪些植物比较可口，哪些是植物有毒的。这种进步为后期生物学的萌芽奠定了基础。

野果是早期人类主要的食物来源之一。

早期的人类食物摄入主要来源于大自然的供给。

▲ 早期人类采集野果、野菜

渔猎

在采集野果、野菜的同时，人们还会通过渔猎的方式来维持生活。哪种动物更易捕捉，哪种动物不能轻易招惹，它们有怎样的生活习性，是喜欢集群还是单独活动……这些简单的动物学知识都是他们在捕猎过程中慢慢自悟出来的。显而易见，当时的大部分知识都是为生存服务的。

▼ 早期人类捕鱼

人们站在水中，观察鱼的踪迹。

满满的收获

人们已经会用鱼叉捕鱼。

栽种庄稼

时间的车轮滚滚向前，人类慢慢开始走向农耕文明，原本以渔猎、采集为生的人们渐渐学会了种植庄稼。他们在充分了解植物的生长规律后，便顺应季节变化，把从自然界中收集来的作物种子种到土壤里，精心呵护培育成苗，最终收获了粮食。紧接着，人们开始开垦土地，在固定范围内的农田里种植庄稼，并且逐步过上定居生活。

人们收集培育了种子。

▲ 耕种

驯养动物

有了粮食还不够，人们又渐渐摸索出了一套驯养动物的方法。他们把野生的动物如鸡、羊、猪、牛等圈养起来，这样既可以吃肉，又能吃些鸡蛋、牛奶之类的补品。后来，随着动物越来越多，人们逐渐掌握了动物的繁殖规律，开启了"鸡生蛋，蛋生鸡"的模式。在此基础之上，人们的生活水平大大提高了。

羊是人类早期驯化的动物之一。

羊被人类驯化食用。

▲ 驯化牲畜

▼ 人类合作捕猎

人类采取围猎的方式猎取大型动物。

原始时期的主要狩猎工具是矛。

第一位"生物学家"

亚里士多德最广为人知的身份是哲学家，其实，这位伟大的哲学先贤对生物丰富的自然世界也非常感兴趣，并且在生物学方面颇有成就。作为欧洲第一位生物学家的亚里士多德，究竟为生物学的建立和发展做出了哪些卓越的贡献呢？一起来看一下吧！

生物学先锋

亚里士多德在生物学方面做了大量工作。生活中，他比较善于观察，所以日积月累慢慢收集到了很多有关动植物形态结构以及行为的数据。亚里士多德和他的学生泰奥弗拉斯托斯依据搜集到的资料，曾对 500 多种生物进行过科学的分类。

▼ 亚里士多德和泰奥弗拉斯托斯

泰奥弗拉斯托斯

亚里士多德是"百科全书式"的科学家，几乎对每个学科都有贡献。

古希腊凉鞋由坚硬的皮革制成。

对生物细致分类

亚里士多德独树一帜，首先为他所了解的生物创建了一个分类系统。他按照动物和植物两大类对生物体进行分组，然后依据动物的运动方式，把动物细分成三类，即陆上动物、水中动物和空中动物。而且，他还把动物分为有血动物和无血动物。在此基础之上，亚里士多德依据繁殖方式的不同，将有血动物划分成两大类别：胎生和卵生。其中，胎生动物就是我们熟知的哺乳动物，卵生动物则有鱼类、鸟类等。另一方面，无血动物由昆虫、介壳类动物、甲壳类动物和软体动物等组成。

哺乳动物　鱼类　昆虫
胎生动物　卵生动物　鸟类　介壳类动物
有血动物　无血动物　甲壳类动物
动物　软体动物

亚里士多德是最早给生物进行系统分类的学者。

▶ 亚里士多德对生物进行分类

生物学著作

除了以上成就，亚里士多德还曾写过不少生物学著作，其中比较著名的有《论动物的部分》《论动物的生成》《动物的历史》。他在这些著作中，分析了动物构造以及生殖等问题。另外，在著作《论灵魂》中，他则较为深刻地探讨了有关生命、生理功能等方面的知识。不仅如此，亚里士多德还引入一种早期出现的双名制，即用家族名、属名与某些独特特征共同命名，来区分生物。

▼ 亚里士多德编写了许多生物学著作

亚里士多德的生物学与其哲学思想有着深刻的联系。

论动物的生成　动物的历史　论动物的部分

步入微观世界

17世纪，科学发展进入了大跨步时代，包括生物学在内的多个学科都取得了突破性进展。作为本世纪最伟大的生物学家之一，安东尼·范·列文虎克在这期间，用他发明的显微镜为世人打开了微观世界的大门。欧洲科学也因此掀起了一场革命。

荷兰显微镜学家、微生物学先驱

▲ 列文虎克

▼ 列文虎克制作的显微镜

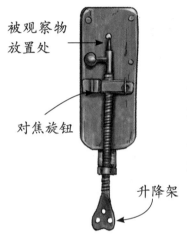

被观察物放置处

对焦旋钮

升降架

制作显微镜

不知什么时候起，安东尼·范·列文虎克对镜片产生了兴趣。于是，他开始着手制作工艺精良的显微镜。当然这些显微镜无法与现代显微镜相提并论，只是更高效的放大镜而已。但他研发的显微镜不但灵巧，而且能将物体放大270倍，比其他仪器的放大效果要高出许多倍。得益于这方面的伟大成就，他成了世界上第一位微生物学家。

观察微观世界

有了这么"高科技"的工具，安东尼·范·列文虎克便开始仔细地研究起各种事物来。昆虫、动物组织、植物、化石等，都是他的研究目标。结果，列文虎克发现，很多东西都不像我们想象中的那么简单，而是大有乾坤。他描述了诸多生命的微观特征，用一项项观察结果证明，微小的生物与昆虫等动物相同，都存在一定的生命周期。

▼ 列文虎克用发明的显微镜观察物品

17世纪，欧洲流行戴假发。

羽毛笔是用鸟的翅膀上的羽毛制作的笔。

小百科

1680年，列文虎克成了当时最有威望的科学团体——英国皇家学会的一员。

发现单细胞生物体

后来，列文虎克的工作引起了英国皇家学会的注意。他们写信给列文虎克，希望他能提供一些平时用显微镜观察生物的内容细节。此后，列文虎克与英国皇家学会建立了良好的联系，通信往来持续了近 50 年。皇家学会一直对他的观察研究成果进行报道。

1674 年，列文虎克在给英国皇家学会的信件中，提到了一个惊人发现——水绵属绿藻单细胞结构。虽然当时列文虎克并不知道那是什么，只是以"池塘水中存在'螺旋状的绿色条纹'"来描述它，不过这项发现却足以震惊世人。6 年之后，这项观察结果得到了完全证实。

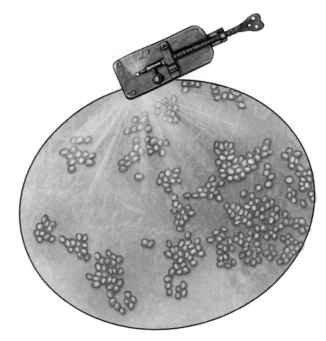

▲ 显微镜下的人血细胞

▼ 微生物

列文虎克在雨水、河水、井水中都找到了微生物。

微生物个头微小，肉眼难以看清，充斥在地球的各个角落。

细菌的秘密

17 世纪中叶，列文虎克从牙垢中发现了细菌。他亲切地称呼这些细菌为"小动物"。他在给英国皇家学会的信里这样写道："我在这些物质中看到许多特别微小的生命，它们非常可爱，做着运动……"就这样，人类首次接触到了有关细菌的微观新世界。

林奈被认为是植物分类学的奠基人。

林奈是全世界第一位专教植物学的教授。

▲ 卡尔·林奈

为动植物分类

很早以前，人类就已经懂得识别植物、动物，并为它们取名、进行归类了。分类学的雏形形成以后，很多生物学家投身到为动植物分类的工作中来。科学界因此涌现出一波"分类潮"。瑞典博物学家卡尔·林奈是这些人中最耀眼的存在。

◀ 康拉德·格斯纳

格斯纳的分类依据是花和果实。

走上植物研究路

幼时，林奈家里曾有座很大的花园，里面生长着各种各样的植物。这引起了林奈对植物研究的兴趣。事实证明，"秘密花园"的确对林奈产生了很大影响，为他后续踏上植物研究之路奠定了一定的基础。二十几岁的时候，林奈就已经搜集到了数百种植物的资料。后来，在植物学家奥洛夫·摄尔西乌斯的鼓励下，林奈决心要研发出一套全新的植物分类体系。

各种各样的分类方法

在林奈之前，不少植物学家都曾对植物分类进行过探索。瑞士自然学家康拉德·格斯纳研究出一种"果实分类法"；意大利植物学家安德里亚·西萨皮诺提出了"种子结构分类法"……可是，林奈后来居上，以自然关系和被观察对象的特征为基础，提出了更加科学、严谨的分类法。

可通用的分类法

1753 年，林奈出版了一部著作《植物种志》。在这部著作中，他首次采用"双名制"来为植物命名，即每个植物都有一个属名和一个种名。这意味着，同一个属的"成员"具有相同的拉丁文缩写名字，属名和种名连起来就是植物的拉丁学名，非常简单。林奈的这种分类方法，革命性地简化了植物物种命名系统。后来，林奈采用同样的方法对动物进行了命名、分类。另一方面，他还对物种所处的层级进行了科学分类：最高一级是界，往下依次是纲、目、属、种。

▼《植物种志》

该书是现代植物分类学开始的一个重要标志。

终得认可

林奈的这种自然分类方法，最初遭到了不少人的质疑。一些神学家认为，该分类方法将人归属于灵长目之中，降低了人的神圣地位。但科学就是科学，在时间的检验下，林奈所提出的分类体系最终得到了人们的认可。

林奈首先搭建了界、门、纲、目、科、属、种的生物分类法的大致框架，之后人们不断补充完善该分类法。

林奈后来被称为"18世纪最杰出的科学家之一"。

解读生命的秘密
——细胞学说

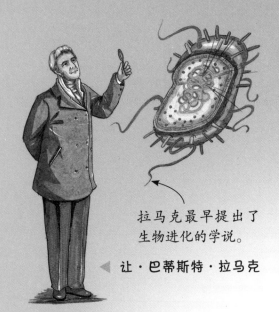

拉马克最早提出了生物进化的学说。

▲ 让·巴蒂斯特·拉马克

显微镜出现以后，随着人们对生命体研究的深入，细胞走进了人类的视野。但是一直以来，有关细胞性质的讨论就没有停止过。此后，相继有不同的学者提出各种细胞理论，直到19世纪中期，细胞学说才最终被确立下来。

细胞论

1809年，法国博物学家让·巴蒂斯特·拉马克提出了一种说法。他认为，生物体都是由细胞构成的，细胞里面存在可以流动的"液体"。不过，拉马克并没有找到相关证据。此后，法国知名植物学家杜托息在自己的论文中提道："生物体的基本构造就是细胞，植物细胞有细胞壁，比动物细胞更易观察。"

细胞学说的确立

最早阐述细胞学说的人是德国动物学家西奥多·施旺。他通过研究动物的卵发现，动物的卵本质上都是由细胞构成的，拥有典型的细胞元素，即细胞核、细胞膜、原生质等。与此同时，德国科学家马蒂亚斯·雅各布·施莱登在研究植物结构的过程中，也提出了一个有关细胞的重要观点：细胞是构成植物的基本单元，低等植物是由单个细胞组成的，高等植物则是由多个细胞组成。

1839年，德国科学家西奥多·施旺与马蒂亚斯·雅各布·施莱登共同提出了细胞学说。他们经过推论一致认为，细胞是组成生物体的基本单元，所有动植物都是由单个或多个细胞构成的。

蕨类

细胞学说的创立者之一

施莱登曾是律师。

▲ 马蒂亚斯·雅各布·施莱

细胞分裂

　　了解了生命体的构成后，科学家们开始将研究的重点转向细胞分裂，因为这个过程是生物体繁殖后代的关键所在。很快，科学家们就发现了其中的奥秘。一些无性繁殖的动植物，会通过有丝分裂的机制创造出全新的生物体。而有性繁殖的动植物则采取了一种截然不同的减数分裂方法来孕育后代。

小百科

　　最早提出"减数分裂"的人是德国生物学家奥斯卡·赫特维希。1876年，他在海胆卵中发现了这一秘密。

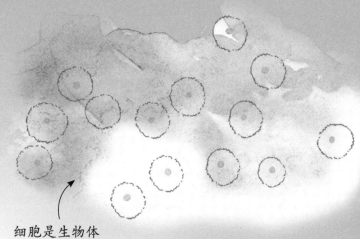

细胞是生物体基本的结构和功能单位。

▲ 细胞分裂

菌类

鸟类

西奥多·施旺

哺乳类动物

进化思想的交织和碰撞

随着科技的不断进步，科学理论的蓬勃发展，人们逐渐从过去的宗教思想中解放出来，开始理性地思考人类起源问题。在此基础上，一些学者针对这一问题提出了相应的进化思想，并展开深刻论述。然而，一直崇尚宗教观念的"守旧派"不希望自己的宗教权威受到挑战，也提出了相应的理论。于是，一场有关进化思想的理论交锋便出现了。

布丰的先进思想

布丰是法国著名的博物学家。他在观察、分析化石与地层分布时，提出了"进化思想"。布丰认为，地球曾经历过很长时间的海陆变迁；生物最初应该是诞生在海洋里；生物的繁衍速度很快，会为了生存彼此斗争；生物物种是可以发生变化的，这种变化是基于各种环境因素影响发生的。

布丰的进化思想遭到了宗教势力的攻击、压制。

▶ 布丰

拉马克的用进废退学说

1802 年，法国博物学家拉马克发表文章《对有生命天然体的观察》，首次提出"生物进化"的开创性观点。1809 年，他又在自己的长篇巨著《动物学哲学》一书中，具体论述了这一思想，拉马克的这些理论和观点打破了神学思想的束缚，推动人类向进化论的方向前进了一大步。

拉马克给动物分类时，将蜘蛛和甲壳类从昆虫中区分出来。

长颈鹿的脖子进化得越来越长。

居维叶的灾变论

与拉马克不同，乔治·居维叶一直是宗教思想的积极拥护者。他一直主张地球曾被大洪水所毁灭，之后是救世主创造了新的生命、新的世界。居维叶非常厌恶"进化思想"，更痛恨那些提出"进化思想"的人。于是，他处处打击进化论者，意图将"进化思想"扼杀在摇篮之中。

居维叶建立了灭绝的概念。

▲ 居维叶坚信灭世大洪水

赖尔的地质均变论

说到进化论思想，有一个人的名字不得不提，他就是英国地质学家查尔斯·赖尔。赖尔原本就十分认同进化思想，后来他在研究火山的过程中，发现火山是自然营力经过上亿年累积作用的结果，于是提出了著名的"地质均变论"，还出版了著作《地质学原理》，旨在向人们传播进化思想。毫无疑问，这为进化论的最终创立开拓出了一片沃土。

拉马克提出动物器官用进废退以及环境影响造成的获得性遗传的理论。

赖尔绘制的瑞士山脉横截面示意图

▼ 查尔斯·赖尔

赖尔是地质科学的主要奠基者之一。

达尔文与华莱士

在进化思想与宗教神学思想的博弈进行得如火如荼的时候，查尔斯·罗伯特·达尔文撰写的《物种起源》犹如一道闪电，在科学界引起阵阵惊雷。他在这部著作中所阐述的进化论和自然选择定律，无疑对上帝权威、神学观念发起了直接挑战。而阿尔弗雷德·拉塞尔·华莱士是达尔文进化论路上的同行者，他同样为进化论的创立做出了非常突出的贡献。

进化思想的感召

从 1831 年起，年仅 22 岁的达尔文便开始了他的考察之旅。此后五年间，他乘坐"小猎犬号"在世界各地进行了一系列的科考工作，搜集到很多重要资料。这个过程中，达尔文渐渐被拉马克和赖尔的进化思想所吸引，于是想通过自己的所见所闻以及掌握的实际资料，去验证这个理论是否正确。

加拉帕戈斯群岛的发现

后来，达尔文造访了位于厄瓜多尔西岸的加拉帕戈斯群岛。在那里，他看到了不少龟。这些龟虽然属于同一物种，但是每个岛上的乌龟形态都存在着一定的细微差别。达尔文陷入了沉思：为什么会出现这种情况呢？很快，他意识到，这些物种原本没有什么差异，应该是后期为了适应不同的岛屿环境才进化成了不同的样子。所以，生物是逐步进化而来的。

▼ 达尔文在加拉帕戈斯群岛

旅途中，达尔文收集了大量标本，记录了丰富的日记。

加拉帕戈斯群岛遗世独立，形成了独一无二的自然环境。

加拉帕戈斯象龟是现存体形最大的陆龟。

自然界也在变化

在科学考察的过程中，达尔文还去到过安第斯山脉。令人惊喜的是，他在海拔 3600 多米的岩层中发现了不少海蛤化石。这些证据让达尔文坚信，自然界肯定经历过"沧海桑田"的变迁，而且一直在默默发生着细微的变化。由此可知，那些所谓的"上帝论""神学论"缺乏科学性。

小百科

达尔文乘坐的"小猎犬号"曾先后抵达大西洋佛得角群岛、南美洲海岸、太平洋、澳大利亚以及东非海岸等地。

22 岁的达尔文开启了环球航行。

"小猎犬号"也被译为"贝格尔号"。

◀ 小猎犬号

通过这次旅行，达尔文成为一个久负盛名的博物学家。

尾巴的末端有厚角质化的刺。

雕齿兽是已经灭绝的哺乳动物，躯干被甲壳包裹。

◀ 雕齿兽

考察的过程中，达尔文发现了雕齿兽的化石。他发觉这种已灭绝的动物和犰狳有很多相似之处，所以他推断雕齿兽也许是犰狳的祖先。

骨质鳞片

犰狳是现生哺乳动物。

◀ 犰狳

41

达尔文认为物种之间是弱肉强食、相互竞争的。

达尔文在刮胡子时会疼痛难忍，因此一直留着大胡子。

▲ 达尔文在伏案写《物种起源》

《物种起源》诞生

结束考察之后，达尔文潜心整理资料，着手写作。1859 年，达尔文的鸿篇巨著《物种起源》正式出版。在书中，他采用大量的事实证据来解释物种渐变、生物进化，论述"自然选择"。他认为，"自然选择"才是物种进化的根本原因。在很长的时间里，自然界会遵循"物竞天择，适者生存"的原则，挑选、留下那些生存能力、环境适应能力较好的物种。生物会随着时间走向灭绝或呈现多样化。

各种难题接踵而至

达尔文出版《物种起源》后，不久就遇到了一系列的难题。他在书中提出的"人类与动物相互联系"的观点，显然与宗教中的"上帝创世"观点相悖，因此遭到了许多宗教人士和部分科学家的反对、讥讽。

不止如此，包括物理学家开尔文和工程师詹金在内的许多人，对达尔文的"自然选择"以及"自然选择会使物种产生微小变异"等观点提出了质疑。这些声音一度让达尔文痛苦不已。

▲ 保守派嘲讽达尔文的漫画

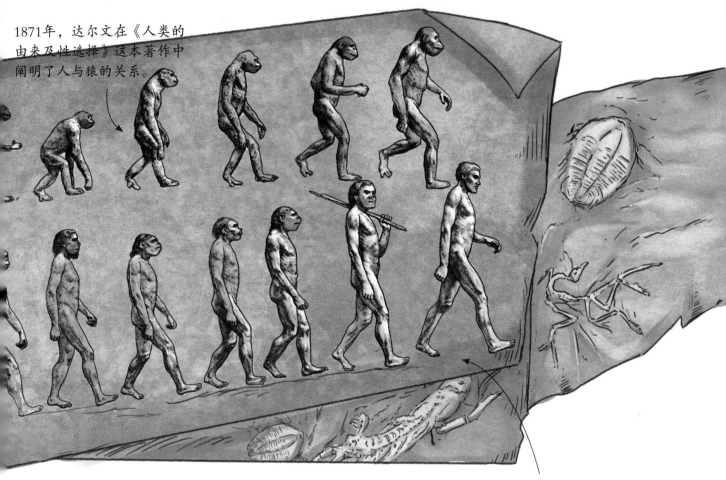

1871年，达尔文在《人类的由来及性选择》这本著作中阐明了人与猿的关系。

达尔文认为人是由猿猴一步步进化而来的。

《物种起源》的影响

《物种起源》具有划时代的重大意义。这部著作涉及生物分类学、生物地理学、古生物学、胚胎学以及形态学等多方面的知识，为后期多个学科的发展奠定了基础。尤为重要的是，它解释了生物发展、进化规律，使生物学发生了一场根本性的变革，彻底解放了人们的思想。

另一位奠基人

达尔文生活的时期，还有一位非常著名的进化论的奠基人，他就是阿尔弗雷德·拉塞尔·华莱士。华莱士是一位探险家和博物学家，曾到亚洲以及南美洲游历，因此掌握了很多物种信息、资料。他独立于达尔文提出了完整的进化理论。1858 年，华莱士和达尔文同时发表了针对自然选择及物种进化问题的论文。只是不久后，达尔文的《物种起源》就出版了。它的出现几乎让人们忽视了华莱士的重要贡献。

华莱士是英国博物学家、地理学家。

▼ 华莱士

华莱士认为物种之间不是相互竞争，而是相互合作的。

生物学考察

从 18 世纪开始，一些博物学家逐渐加入航海探索的行列之中。他们随船四处奔波，克服重重困难，只为实地考察，收集各种标本。正是这些满怀热忱之心的前行者，用一个个惊人的发现，使世人对自然界、生物界有了全新的认识。生物学也因此出现了跃进式的发展高潮。

人们考察陆地环境。

考察当地的植物

最早的生物学考察

说起生物学考察，那么一定要讲讲詹姆斯·库克船长所领导的几次远洋航行。在 1768—1771 年间横跨太平洋的航行中，与库克船长同行的人，既有经济实力雄厚、颇具科学才能的约瑟夫·班克斯，又有艺术家和植物研究者。他们不但去了很多地方，还搜集到了一些珍贵的动植物标本。

▼ 约瑟夫·道尔顿·胡克

胡克的著作有《植物种类》。

向南极大陆进发

很长一段时间内，南极大陆都是个相当神秘的存在。而 1839—1843 年"埃里伯斯号"和"恐怖号"的探索之旅，很好地为人类揭开了它的神秘面纱。当时，组织领导这次考察的人是詹姆斯·罗斯爵士，随行人员中有博物学家约瑟夫·道尔顿·胡克。

考察结束后，胡克便开始对此次航行中所发现的植物标本进行细致的研究。这些植物标本有的来自新西兰，有的来自塔斯马尼亚，当然还有的来自南极。胡克的研究成果为此后植物地理学的系统研究奠定了基础。而罗斯在此次航行中首次探测深海海域，发现深海中也存在很多生物种类。

库克率船队考察

库克的考察船

收集植物
标本

记录所见
所闻

"挑战者号"在路上

1872 年，英国海军考察船"挑战者号"满载着精良的考察设备、数位博物学家和随行人员，开始了长达 4 年的生物学考察之旅。船上的研究人员曾对海水进行过 492 个站位的水深测量。最终，"挑战者号"带回了大量的标本和考察资料，成果满满。这次科考为海洋学的发展奠定了坚实的基础，是生物学考察史上一次了不起的创举。

发现洋底的秘密

很快，人们又向洋底发起了挑战。先是美国"塔斯卡罗拉号"上的科考人员考察了太平洋的洋底。之后，又有亚历山大·阿加西斯利用仪器，发现加勒比海深海动物与太平洋深海动物比较接近。他由此推断，很久以前，加勒比海曾是太平洋的一部分，是巴拿马地峡隆起将它们分开的。

▼ 挑战者号

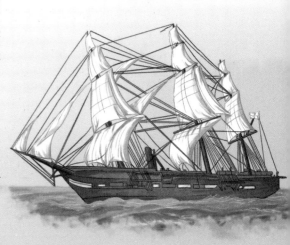

海克尔与重演律

达尔文提出进化论以后，随即引来了一大批追随者，其中最著名的就是拥有博物学家、艺术家、自然哲学家等多重身份的德国人恩斯特·海克尔。海克尔几乎一生都在传播进化论，可谓是达尔文和进化论的忠实粉丝。

▲ 地球生态

深受进化论影响

海克尔在读书期间原本学的是医学，可是他对动物学研究一直有着浓厚的兴趣。在读了达尔文的巨著《物种起源》之后，海克尔很受触动，他深信这是人类自然科学领域最有价值的一本书。从此，海克尔就成了进化论的忠实拥护者，不仅把进化论引入德国，还经常宣传进化论。

提出重演律

1866 年，转而从事动物以及进化方面研究的海克尔，出版了自己的著作《生物体普通形态学》。在这部著作中，他除了总结了一些自己的理论成果外，还提出了"重演律"。该理论认为，生物在个体发育的过程中，会简单且迅速地模拟、重演种族演化的过程。很显然，"重演律"现在看来有些缺乏科学性，因为生物个体发育虽然有些类似系统发育，却不是系统发育的重演。所以进入 21 世纪以后，海克尔的这项理论遭到了很多科学家的质疑。

▼ 海克尔宣传进化论

海克尔是德国动物学家和哲学家。

海克尔是达尔文进化论的忠实的支持者，为进化论的传播做了重要贡献。

杰出的动物学家和艺术家

海克尔在动物学方面取得了非常杰出的成就。他对放射虫、海绵等低等海洋动物进行过系统分类，曾描述过近 4000 个新物种。此外，海克尔在绘画方面还有极高的造诣。从《自然的艺术形式》中的那些精美绝伦的生物身上，我们就不难看出，他的绘画技艺相当高超。

胚胎的发育成长

▲ 重演律

小百科

海克尔在进化论的基础上，完善了人类进化论的理论。为此，他特地在 1874 年出版了包含自己进化论思想的著作《人类的进化》。

▼《自然的艺术形式》

生态学思想

有人说海克尔是一位超越时代的科学家。这是因为他早在 19 世纪 60 年代就提出了"生态学"的概念。在这之前，人们普遍认为，人、动物、植物都是独立的物种，并不存在系统性的关系。而海克尔却打破了这一固有观念，认为物种之间相互联系、相互作用，形成了一个大系统，系统中的生物和环境共同组成了大自然。

47

神秘的细菌

尽管早在 17 世纪 70 年代，安东尼·范·列文虎克就发现了细菌，可是要正确认识这些生活在微观世界的小小生物并不是一件特别容易的事。然而很多人都没想到，直到200年后，才有一个叫费迪南德·科恩的人姗姗来迟，带领人们真正科学地认识细菌。

▲ 列文虎克

列文虎克改进了显微镜，发现了许多微生物。

生物学启蒙

科恩出生在德国的一个犹太人家庭，从小父亲就对兄弟三人的学习十分上心，19 岁时，科恩就取得了柏林大学植物学博士学位。在他返乡任教时，父亲送了他一台当时最先进的显微镜作为礼物，科恩爱不释手，开始运用它取得了各种研究成果，并在 40 岁时，全身心潜入了细菌的研究领域。

科恩是细菌学的创始人之一。

科恩认为细菌是一种植物。

◀ 费迪南德·科恩

病因在哪里？

此外，科恩还发现不同种类的细菌属性也不相同。这一观点很好地验证了当时"细菌可以引发感染"的理论。后来，在他的支持、帮助下，现代细菌学的奠基人罗伯特·科赫得以成功找到肺结核、炭疽以及霍乱的细菌病因，为人类的医学事业做出了非常突出的贡献。

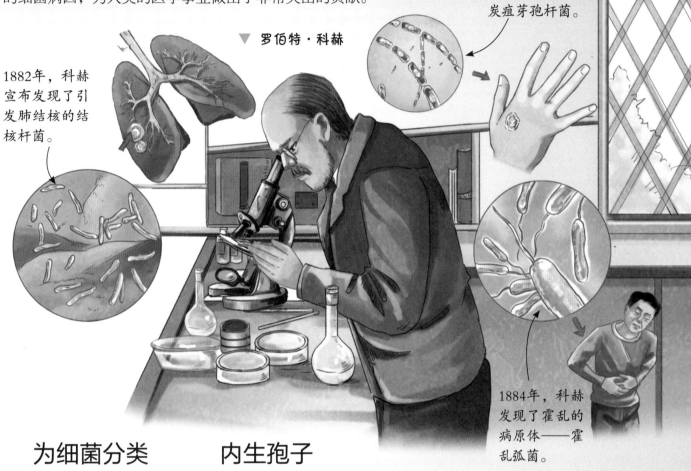

1876年，科赫发现了引发炭疽的炭疽芽孢杆菌。

▼ 罗伯特·科赫

1882年，科赫宣布发现了引发肺结核的结核杆菌。

1884年，科赫发现了霍乱的病原体——霍乱弧菌。

为细菌分类

早期，科恩的研究重点是单细胞藻类。大约从1868年开始，他转而研究细菌。科恩在意识到世界上存在不同种类的细菌后，于1872年公布了自己的细菌分类体系。他以不同的形态为基础，将细菌划分为四大家族，分别是球状细菌、线状细菌、短杆状细菌和螺旋状细菌。

内生孢子

1875年，科恩在细菌研究领域又取得了重大突破。他发现如果细菌暴露在高温环境下便有可能形成内生孢子。这种物质抗热性极佳，一旦周围环境达到它适宜生长的温度，那么就会苏醒发芽，变成新的杆菌。科恩的这一发现极大地促进了工业消毒技术的发展。现如今，在食品工业中，人们为了阻止携带内生孢子的细菌持续生长，一般会采取特定的贮藏方式和措施。

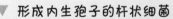

▼ 形成内生孢子的杆状细菌

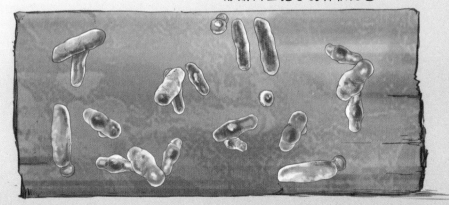

豌豆园中孕育出遗传定律

在遗传学的沃土尚未被开辟之前，人们对物种之间代代相传的规律困惑不解。虽然曾有不少科学人士为此付出努力，并提出各种理论、观点，但在相当久的一段时间内，这都是一个悬而未决的谜团。

特征代代相传是怎么完成的？

现如今，我们知道遗传与基因有关。然而在很久之前，人们根本不知道基因和遗传是什么。所以，在看到物种具有代代相传的特征时，他们只能提出各种假设。古希腊先贤亚里士多德提出过"体液遗传"的观点，法国生物学家拉马克提出了"获得性遗传"，认为生物后天获得的性状能够遗传给后代。后来，关于特征遗传问题，还流行着另一种说法，那就是孩子会混合继承父母的某些特征。很显然，这些理论、说法并不科学。

▲ 父母的基因会遗传给孩子

孟德尔的实验在修道院中进行的。

孟德尔本想用小鼠进行研究，但由于修道院的限制，只能改用植物。

孟德尔

孟德尔被誉为"现代遗传学之父"。

修道士的花园

格雷戈尔·孟德尔是奥地利奥古斯丁修道院中的修道士，他一直对"物种代代相传"的问题比较感兴趣。为了弄清真相，孟德尔用了八年时间在修道院中培育出了一个豌豆花园。这座花园中种植着数万株豌豆，宛若一个实验基地。数不清的日子里，孟德尔就在豌豆田间忙碌着，重复着复杂的分类和计数工作。他想努力搞明白，亲本植物究竟是怎样将遗传性状传给它们的后代的。

伟大发现

孟德尔在掌握、分析很多代豌豆的花色、种子、茎高等方面的资料后发现，后代植物的特征并非是前代植物特征混合的结果，例如后代植物的花色一般是单一的白色或紫色，而不是两者的混合色。另外，他还发现，第一代豌豆种子都是黄色，而第二代种子中黄绿种子的比例是 3：1，之后不管几代种子，种子的颜色依然会维持这个比率。

亲本（纯种）　紫花　　白花

F₁代（杂种）　F₁代全开紫花

F₂代　705株开紫花　224株开白花

紫花：白花≈3：1

▲ 豌豆单因子杂交实验与遗传学分离定律

▼ 孟德尔独立分配定律

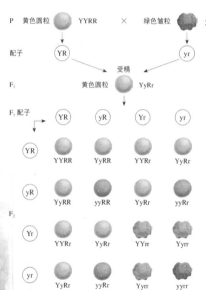

孟德尔定律

1866 年，孟德尔总结经验，公布了著名的"孟德尔遗传定律"。它包含分离定律和独立分配定律。分离定律的主要观点是，遗传特征并非是亲本双方特征的混合物，亲本双方会随机地将显性或隐性特征遗传给后代。而独立分配定律的观点则是，某个特性是由亲本独立传给后代的。

富有开创性的发现

科学总是以其莫大的吸引力，指引着科学家们不断前行，探索各种问题的真相。而有关遗传学的研究一直以来就没有停止过。在格雷戈尔·孟德尔之后，又出现了托马斯·亨特·摩尔根以及芭芭拉·麦克林托克这样杰出的人才，他们各自用突破性的成果，促使遗传学发展进程向前迈了一大步。

投身遗传学领域

摩尔根是美国著名的生物学家。他小时候就对生物很有兴趣，喜欢收集蝴蝶等各类动物的标本。大学毕业以后，摩尔根报考了霍普金斯大学研究学院的生物学系，开始从事胚胎学的研究。经过多年的学习与积累，1904年摩尔根被聘为哥伦比亚大学实验动物学教授。1908年开始，摩尔根创建了以果蝇为实验材料的实验室，从事遗传和进化研究。

许多科学家都会用玉米作为遗传学研究材料。

黑腹果蝇实验

原本，摩尔根对孟德尔的说法是持怀疑态度的。可他在进行了著名的"果蝇实验"后，便否定了自己的想法，肯定并发展了孟德尔的遗传学理论，提出了"染色体遗传理论"。他认为，基因是组成染色体的遗传单位，基因突变会导致生物体的遗传特征发生变化。另外，摩尔根还发现了遗传的基因连锁互换定律。他因为这些了不起的成就获得了1933年的诺贝尔生理学或医学奖。

摩尔根被称为"数果蝇的教授"。

▼ 摩尔根的果蝇实验

摩尔根之所以选择果蝇为实验对象，是因为它特殊的生物属性，比如拥有记忆、学习能力，而且容易饲养，易于繁殖。

麦克林托克穿梭在玉米地中。

▼ 麦克林托克观察玉米

麦克林托克把玉米遗传学的研究推向了一个新的高峰。

"跳跃基因"理论

1927 年，25 岁的麦克林托克获得植物学博士学位后，开始从事玉米细胞遗传学方面的研究。自此，她便与玉米结下了不解之缘。麦克林托克通过比较亲本植物和子代植物的染色体得出了"跳跃基因"理论，即基因在染色体中的位置并不是固定的，它可以从一个位置"跳"到另一个位置，甚至能由一条染色体"跳"到另一条染色体。

▶ 诺贝尔奖奖章

终获认可

虽然麦克林托克的"跳跃基因"理论具有开创性意义，可是当时这项理论并没有得到普遍认可。麦克林托克还因此备受科学界人士的冷落，"跳跃基因"理论甚至一度被视为异端。但随着科技发展，人们渐渐在许多生物体身上发现了与"跳跃基因"相同或相似的现象，这迫使科学界不得不正视麦克林托克以及她的研究成果。直到 1976 年，"跳跃基因"理论才被科学界所承认。

▶ 麦克林托克在实验室工作

破译遗传密码"双螺旋"

相当长的一段时间里，生物遗传问题始终迷雾重重：DNA 的结构是怎样的？它如何管理生物的性状……如果这些奥秘不能被揭开，那么人类就不能彻底掌握遗传学的核心密码。于是，一代又一代科学家走上了揭秘 DNA 的探索之路。终于，在他们的努力下，有关 DNA 的难题被一一攻克。

发现 DNA

19 世纪 70 年代左右，瑞士生物学家约翰内斯·弗里德里希·米歇尔在研究白细胞的过程中，发现了一种物质。这种物质比较特别，含有磷和氮。几年之后，米歇尔经过研究，将该物质命名为"核素"（主要成分为核酸）。他是世界上最早注意到 DNA 的人，可惜直到 80 多年之后，人们才清楚掌握 DNA 的结构。

▽约翰内斯·弗里德里希·米歇尔和同事在实验室中

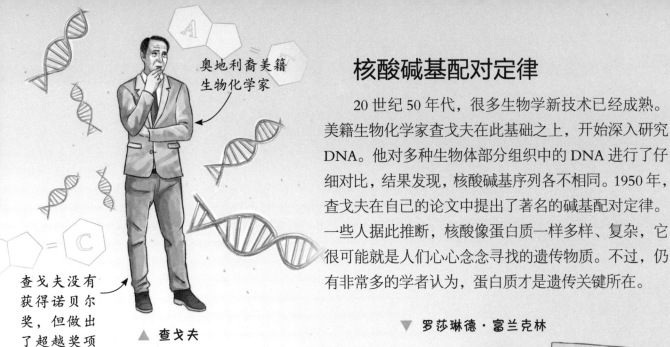

奥地利裔美籍
生物化学家

查戈夫没有
获得诺贝尔
奖，但做出
了超越奖项
的贡献。

▲ 查戈夫

核酸碱基配对定律

20世纪50年代，很多生物学新技术已经成熟。美籍生物化学家查戈夫在此基础之上，开始深入研究DNA。他对多种生物体部分组织中的DNA进行了仔细对比，结果发现，核酸碱基序列各不相同。1950年，查戈夫在自己的论文中提出了著名的碱基配对定律。一些人据此推断，核酸像蛋白质一样多样、复杂，它很可能就是人们心心念念寻找的遗传物质。不过，仍有非常多的学者认为，蛋白质才是遗传关键所在。

▼ 罗莎琳德·富兰克林

富兰克林是英国物理化学家与晶体学家。

约翰内斯·弗里德里希·米歇尔

米歇尔发现了DNA的第一个实物证据。

X射线衍射技术

后来，为了看清DNA的真面目，很多物理学家开始加入"揭秘DNA结构"的活动中来。这其中尤以罗莎琳德·富兰克林的贡献最大。当时，富兰克林是英国著名的青年女科学家，她在X射线、结晶学以及物理化学等多个领域都颇有建树。

富兰克林等人先利用结晶技术对DNA分子进行了特殊处理，然后再通过X射线衍射技术获得了极为重要的"DNA-X射线图像"。虽然图像不是很清晰，可是人类却第一次看到了DNA分子的大致模样。富兰克林等人研究图像后推测，DNA大分子应该呈多股链螺旋形，它内部的碱基排列顺序也应存在一定规律。

DNA 双螺旋结构模型的建立

就在科学界兴起"揭秘DNA结构"热潮时，英国物理学家克里克和美国遗传学家沃森也走进了这一行列。他们二人志同道合，是一对难得的好搭档。

克里克和沃森前期做了大量的研究工作，他们试图通过核苷酸（组成DNA的基本单位）的纸板模型来拼装DNA结构。在这个过程中，沃森推测，核苷酸应该是按照特定方式组合在一起的，胞嘧啶与鸟嘌呤是一对儿，而腺嘌呤与胸腺嘧啶是一对儿。关键时刻，两人的好友莫里斯·威尔金斯又向他们展示了富兰克林的"DNA-X射线图像"。克里克、沃森很受启发，最终做出了DNA双螺旋结构模型。

1953年，克里克和沃森在英国剑桥大学实验室发现了DNA的化学结构。

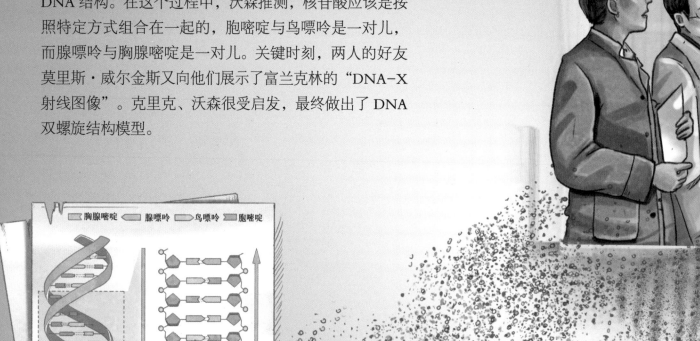

胸腺嘧啶　腺嘌呤　鸟嘌呤　胞嘧啶

▼ 获得诺贝尔奖

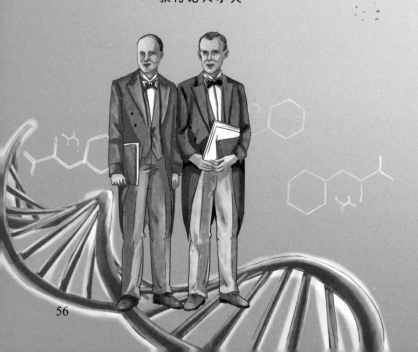

1953年4月，著名科学杂志《自然》刊登了DNA双螺旋结构模型以及克里克、沃森的论文。他们在文中详细论述了DNA的结构：DNA分子是由两条反向平行的多核苷酸链相互环绕形成的右手双螺旋结构……1962年，克里克和沃森因为DNA双螺旋结构模型获得了诺贝尔生理学或医学奖。

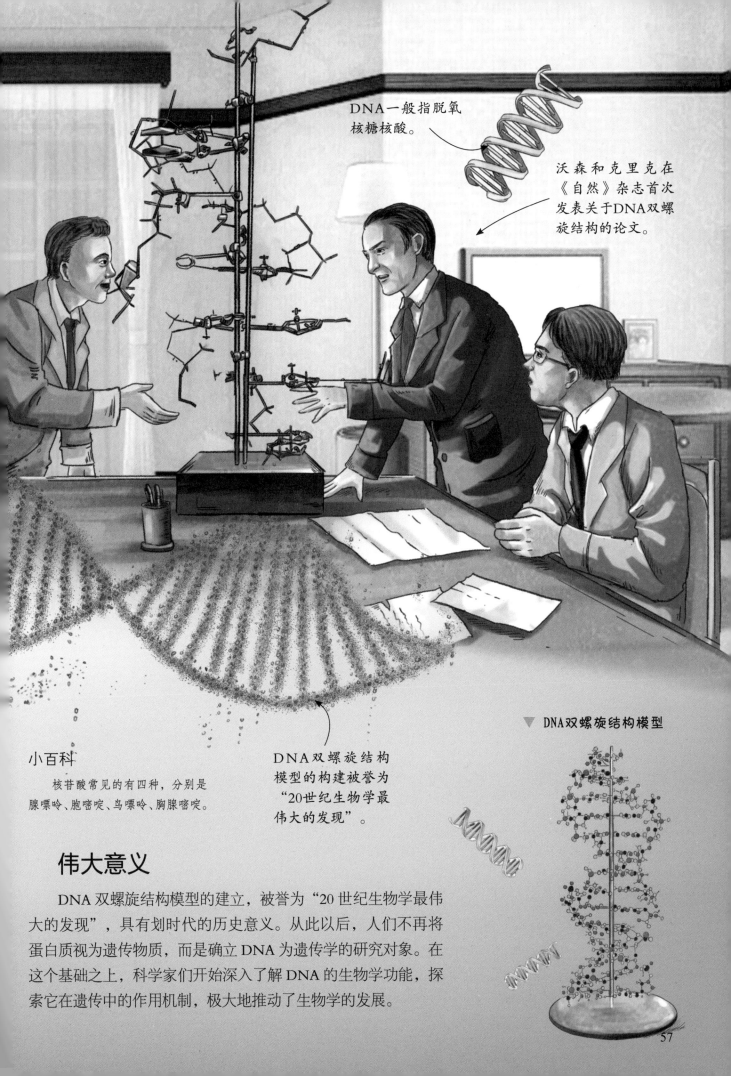

DNA一般指脱氧
核糖核酸。

沃森和克里克在
《自然》杂志首次
发表关于DNA双螺
旋结构的论文。

▼ DNA双螺旋结构模型

小百科

核苷酸常见的有四种，分别是
腺嘌呤、胞嘧啶、鸟嘌呤、胸腺嘧啶。

DNA双螺旋结构
模型的构建被誉为
"20世纪生物学最
伟大的发现"。

伟大意义

　　DNA双螺旋结构模型的建立，被誉为"20世纪生物学最伟
大的发现"，具有划时代的历史意义。从此以后，人们不再将
蛋白质视为遗传物质，而是确立DNA为遗传学的研究对象。在
这个基础之上，科学家们开始深入了解DNA的生物学功能，探
索它在遗传中的作用机制，极大地推动了生物学的发展。

木村资生

木村资生是日本一位演化生物学家。

第二种进化论

木村资生是 20 世纪生物学界最杰出的人物之一。他所提出的分子进化中性学说，打破了达尔文"自然选择学说"一枝独秀的局面，很好地完善了群体遗传学的理论体系，在生物学领域引起了巨大反响。

踏进生物学研究的大门

1924 年，木村资生出生在日本爱知县冈崎的一户家庭。他从小就十分聪明，比较喜欢数学和植物学知识，在老师的建议下，他大学主修植物学。在此期间，木村学习了遗传学，并常去日本现代遗传学开创者——木原均的实验室参加讨论和学习，由此他立志成为一名理论遗传学家。

漫漫求真路

1953—1956 年，木村资生曾到美国留学。在此期间，木村资生不但到威斯康星大学学习群体遗传学，还有幸结识了这方面的专家，得以与他们深入探讨群体遗传学方面的问题。这些经历无疑为木村资生日后提出中性学说埋下了伏笔。

回国后，木村资生继续在他之前工作的地方——日本国家遗传学研究所工作。留学时，木村资生就对分子遗传学取得的一系列成果产生了浓厚的兴趣，所以一直想把群体遗传学理论引入分子遗传学的研究。

提出中性学说

1968 年，木村资生在超强数学女学者太田明子的协助下，做了大量的实验、计算工作，他仔细对比生物研究数据，提出了分子进化的"中性突变的随机漂变假说"，也就是我们所提到的中性学说。中性学说的主要观点是，在分子水平上，进化、演化和物种内的大多数突变，并不是由自然选择引起的，而是由那些对选择呈中性或近中性的突变等位基因的遗传漂变引起的。

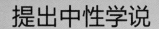 木村资生

木村资生与遗传专家探讨问题

《分子进化的中性学说》是继达尔文《物种起源》之后，演化领域的又一伟大著作。

很快，中性学说就在生物学界引起轰动。当时在一些人看来，这种理论简直是惊骇世俗，是对达尔文进化理论的公然挑战。不过，也有很多人选择支持木村资生。之后，随着分子遗传学的进一步发展，中性学说凭借其有效性、正确性已经突显出它的优势，越来越能在群体遗传学领域站稳脚跟了。

基因工程初登场

他在1980年获诺贝尔化学奖。

▲ 保罗·伯格

20世纪70年代，遗传学进入了全新的发展阶段。此时，"基因"成为这一领域的重要命题和研究方向。而美国生化学家、分子生物学家保罗·伯格就是这方面的奠基人，他用关键性的实验研究，为人类拉开了基因工程的序幕。

细胞为什么会癌变？

20世纪60年代以后，保罗·伯格对细菌病毒与肿瘤病毒研究充满兴趣。他通过实验推测，细胞基因之间或细胞生化特征之间的交互作用应该是引起细胞癌变的主要原因。怎样才能验证自己的观点是正确的呢？伯格想来想去，决定采取"癌基因引入法"，意思就是把某种癌基因引入到细菌之类的单细胞生物中。

"切割—拼接"

当时微生物学家阿尔伯提出了著名的"限制性内切酶"理论。这给了伯格很大启发，他不久就找到了可以将DNA双链切割开的限制性内切酶，人们称其为"分子剪刀"。之后，伯格继续努力，把一种能够在猴子体内引发癌症的病毒DNA用"分子剪刀"剪切开，然后把它连接到也经过类似处理的细菌DNA上，最终将它们结合成一种杂交的"重组DNA分子"，实现了基因重组。要知道，这标志着现代基因工程技术正式诞生。

伯格是世界上第一个将一个物种的DNA整合到另一个物种上的生化科学家。

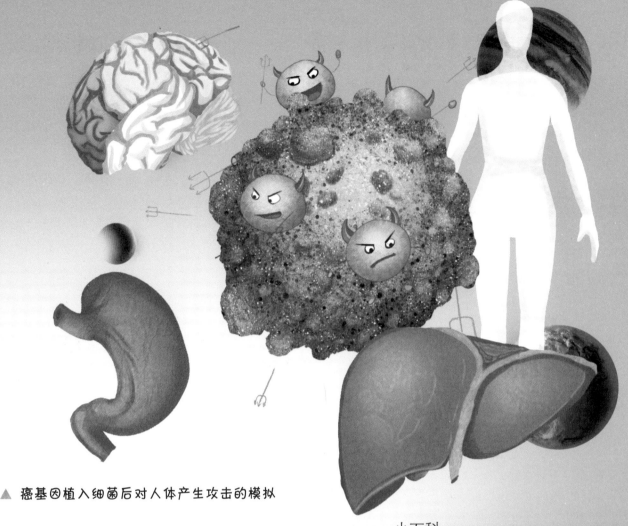

▲ 癌基因植入细菌后对人体产生攻击的模拟

理性止步

　　就在很多人都觉得伯格将大展身手的时候，伯格却出乎意料地放弃了这项研究。因为他发现如果把癌基因植入细菌中，这些细菌一旦逃离或失去控制，那么就很可能会导致人类癌症发病率上升，引发人类医学灾难，后果实在不堪设想。所以，伯格思虑再三，还是果断放弃了。

充满责任感的科学家

　　之后，伯格出于对社会强烈的责任感，开始召集科学家们对基因工程潜在的危险性进行一次又一次的讨论。紧接着，各界人士纷纷加入这场活动中来，希望相应的组织制定法则，使基因工程能够良性发展。1975 年，在美国加州阿西洛马举行的国际学术会议上，通过了一系列的指导方针，严禁再进行此类可能威胁人体安全的实验。

小百科

　　虽然基因实验有可能会给人类带来负面影响，但不可否认的是，它也有积极的一面。例如我们运用此类先进技术，就研制出了抗生素、胰岛素以及生长激素类的药物。

▼ 阿西洛马会议

会议上讨论重组DNA技术可能带来的生物危害。

人类基因组计划

人类基因组计划是人类科学历史上最重要的工程之一，堪称全人类的伟大创举。它就像生命的元素周期表，一方面可以帮助我们细致了解全人类的遗传信息，揭开人体奥秘，另一方面对生命科学以及生物产业的研究、发展起到巨大的推动作用。

基因组计划的提出

1986年3月，美国生物学家雷纳托·杜尔贝科发表了一篇文章，标题为《癌症研究的转折点——人类基因组全序列分析》。他在文中提出了一个重要课题：接下来人类应该怎么进行基因研究。相较于各自为战，杜尔贝科更倾向于大家共同联合，一起去分析、研究全人类的基因组，并测定基因组中碱基对的排列顺序。

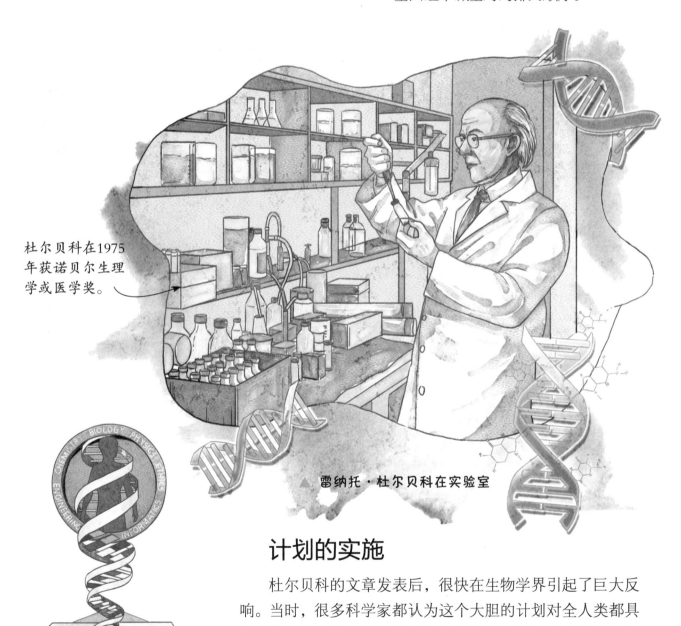

杜尔贝科在1975年获诺贝尔生理学或医学奖。

▲ 雷纳托·杜尔贝科在实验室

计划的实施

杜尔贝科的文章发表后，很快在生物学界引起了巨大反响。当时，很多科学家都认为这个大胆的计划对全人类都具有非常重要的意义，可是他们也担忧，这样一个庞大的工程计划势必会消耗大量的人力、物力、财力，恐怕难以完成。不过值得庆幸的是，1990年美国国会通过了"人类基因组计划"，并决定投入大量资金以保证该项计划顺利实施。

各国纷纷响应

令人意外的是，杜尔贝科的理论还迅速获得了全世界的关注。很多国家都意识到，它将造福全人类，于是纷纷积极响应，开始加入这项计划中来。随后，相继有英国、法国、德国、日本以及中国的科学家参与其中，共同为"人类基因组计划"添砖加瓦。

超级计划的完成

2000 年 6 月，多国科学家并肩携手，通过对人类遗传图谱、序列图谱、转录图谱、物理图谱的研究，终于绘制完成了人类基因组"工作框架图"。虽然这只是一张草图，却是人类基因组计划最核心的部分，包含着人类 24 个 DNA 分子 90％以上核苷酸的排列顺序。很快，2003 年 4 月 15 日人类基因组计划正式宣告全部完成。

▼ 杜尔贝科和其他科学家对人类的核基因组进行完整测序。

人类基因组计划是一项规模宏大，跨国跨学科的科学探索工程。

全球科学家们取得了里程碑式的结果。

RNA的奥秘

20世纪70年代以前，人们似乎还不太明白，DNA中的遗传信息究竟是怎么传达到细胞中，又是如何帮助生物体成长的。直到有一天，一个叫西德尼·奥尔特曼的分子生物学家彻底解开了这个谜题，让我们充分了解其中的真相。

1989年诺贝尔化学奖获得者

▲ 西德尼·奥尔特曼

走上生物学科研的道路

从小时候开始，奥尔特曼就对自然科学类的东西比较感兴趣。在成功踏入大学校门后，奥尔特曼开始接触有关生物学的课程，在此期间，他学到了不少核酸以及分子遗传学等方面的知识。可想而知，这为他将来从事此类工作奠定了坚实的基础。1969年，奥尔特曼有幸成了英国剑桥大学分子生物学实验室科研小组的一员，从此开始了他不平凡的科研工作……

真的是这样吗？

奥尔特曼没有揭示RNA（核糖核酸）具有催化特性之前，生物学界普遍认为，RNA一类的核酸会携带某种DNA遗传密码，然后促进酶的形成，而酶则会产生催化作用，促使细胞内发生生物反应和化学反应。这样一来，生物体就慢慢生长起来。

RNA 是催化剂

1971 年，奥尔特曼进入耶鲁大学工作，在那里他主要从事核糖核酸方面的研究。结果，奥尔特曼和团队很快有了一个惊人发现：RNA 本身就是一种生化进程的催化剂，具有催化特性，它只是表现得像一种酶而已。这项研究成果表明，核酸是构成生命的必不可少的物质，它一酸双职，同时承担着酶和遗传密码的工作。

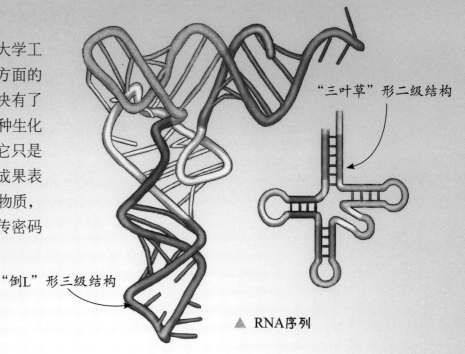

"三叶草"形二级结构

"倒L"形三级结构

▲ RNA序列

重要意义

可以说，奥尔特曼关于 RNA 催化特性的发现，为我们正确认识生命起源以及生命的发展演化提供了重要依据。而且，我们还可以将其视为全新的疾病治疗突破口，用于癌症或艾滋病等疾病的治疗。

小百科

1989 年，奥尔特曼与美国生物化学家托马斯·罗伯特·切赫共同获得了诺贝尔化学奖。

▼ 奥尔特曼和同事在实验室中

奥尔特曼还是中国复旦大学首位名誉首席教授。

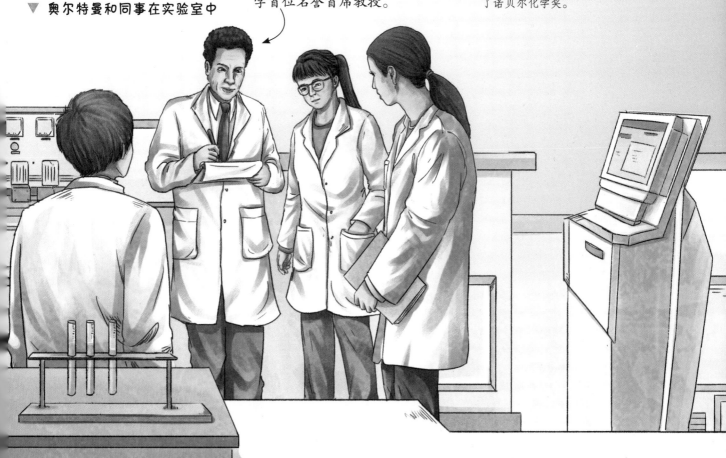

生物技术大发展

生物科学的发展，毫无疑问推动了生物技术的进步。而随着生物技术的屡屡革新，一系列的生物工程取得了丰硕的成果。这些成果或为人类解决了不少实际问题，或成了科技文明腾飞的助推器。进入21世纪以后，在各种因素的作用下，人类又进入了生物学技术突破的新纪元，相信未来还会有更多、更先进的生物学技术来到我们身边。

DNA测序

第一代测序技术由英国的生化学家弗雷德里克·桑格发明。

DNA 测序技术

什么是DNA测序技术？说简单点，就是利用技术手段，解读和分析DNA分子。通过此种方法，我们可以确定染色体片段上的碱基顺序，从而认识疾病发生的根本原因，预测身体患病的可能性。对于生物学、医学等多个学科来说，这都是一项必不可少的重要技术。

PCR（聚合酶链式反应）技术

PCR技术是一项重要的分子生物学技术，可以在细胞外完成对DNA的复制。这意味着，我们只需研究复制出来的DNA，就能进行疾病检测、性别判定、司法破案以及动植物育种等。PCR技术具有快捷、方便等多方面的优势，经常被应用于生物实验以及医学诊断等工作中。

冷冻电子显微镜技术

说起冷冻电子显微镜技术，或许很多人都感觉有些陌生。它是一种结构生物学技术，能帮助我们清晰观察到物质的三维结构，即使样品是液体、半液体或者高分子材料也不在话下。目前，这项先进技术主要应用于单个蛋白质分子结构的分析。随着科技的发展，相信未来它还将用于对细胞组织的超微结构解析，继续在揭秘生命活动机制方面发光发热。

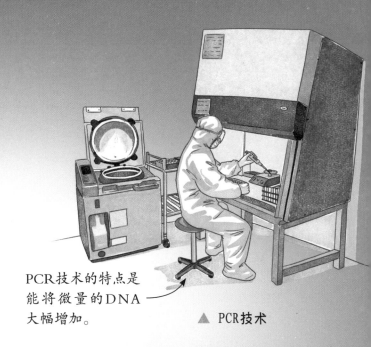

PCR技术的特点是能将微量的DNA大幅增加。

▲ PCR技术

超高分辨率显微技术

很多时候，想要观察细胞内的微观结构，弄清楚活性因子如何调节细胞生命活动等并不是一件容易的事。这种纳米量级的要求，已经远远超出了普通光学显微镜的能力范围。不过别担心，遇到这类复杂的问题我们可以请超高分辨率显微技术帮忙。它分辨率极高，成像速度极快，分分钟就能带我们走进超微观世界。

▼ 先进的生物学技术走进实验室

记录实验数据

透射电子显微镜

生老病死的奥秘

在很多人看来，生老病死是再正常不过的生命规律。然而，对于科学家们而言，生老病死中却蕴含着无穷的奥秘。美国旧金山大学教授伊丽莎白·布莱克本就通过端粒以及染色体方面的成果，向我们揭示了人类衰老、患病的秘密。

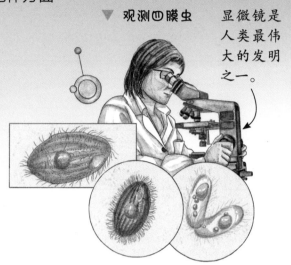

▼ 观测四膜虫　　显微镜是人类最伟大的发明之一。

四膜虫

在布莱克本还是加州大学的一名助理教授时，就喜欢整日泡在实验室里。当时，她在研究一种叫四膜虫的小生物。1978 年，布莱克本在这种单细胞真核生物中发现了端粒。七年之后，布莱克本和学生又在小小的四膜虫体内发现了端粒酶。

端粒是什么？

我们都知道，生物体的细胞核内有一种线状物质——染色体。如果细致观察你就会发现，染色体的尾巴处有个像小帽子一样的结构，其实这就是我们所说的端粒。端粒中包含着端粒酶，它的功能十分强大。一旦端粒受损，端粒酶就会立即出马，对端粒进行修复，帮助端粒恢复原有的长度，保证其结构的稳定性。

人体的体细胞有23对染色体，其中一对可以决定人的性别，称为性染色体。

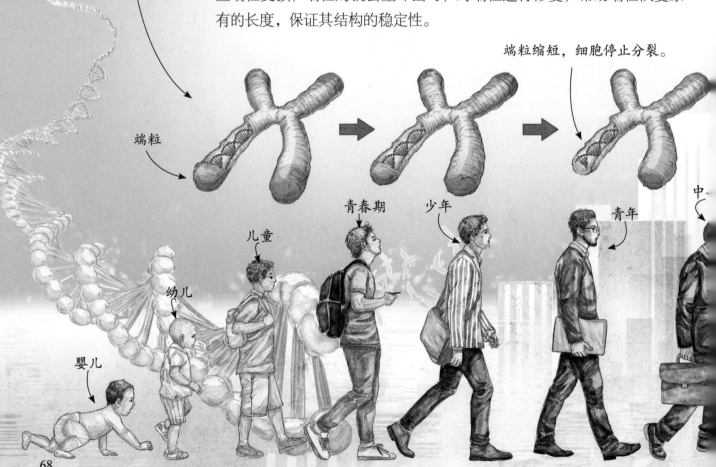

端粒缩短，细胞停止分裂。

端粒

婴儿　幼儿　儿童　青春期　少年　青年　中

端粒与衰老

　　布莱克本用一系列的研究成果告诉我们，端粒与染色体的特性以及稳定性存在紧密的联系，而且它还关系到细胞寿命的长短。要知道，人类随着年龄增长，端粒也会老化变短，这样一来，细胞就会走向衰老。此时，如果端粒酶的工作积极性高，那么细胞衰老的速度自然能放缓。

端粒酶与疾病

　　2009 年，布莱克本与美国另外两位科学家卡罗尔·格雷德、杰克·绍斯塔克共同获得了诺贝尔生理学或医学奖。他们发现的"端粒以及端粒酶保护染色体机理"表明，癌细胞可以利用端粒酶不断疯狂生长，或许人类能通过药物遏制端粒酶活性从而达到治疗癌症等疑难病症的目的。

卡罗尔·格雷德

杰克·绍斯塔克

美国著名分子生物学家

伊丽莎白·布莱克本

▲ 2009年诺贝尔生理学或医学奖获得者

端粒是细胞寿命的生物钟。

中老年

老年

69

敲响环境污染的警钟

科学是一种力量，曾给人类文明带来了无限的希望和曙光。然而我们很少会意识到，科学发展也对自然生态产生了一定的负面影响，脆弱的环境因此面临严峻的考验。为了保护生态环境，呵护动植物的家园，一些生物学家化身为环保卫士，走上了倡导环保运动的道路。美国生物学家蕾切尔·卡森就是其中最著名的代表人物之一。

科学执笔人

1936 年，卡森进入美国渔业局工作。此后，她渐渐展现出过人的才能，先后撰写了很多与海洋以及海洋生物有关的文章、书籍。1940 年，卡森成为美国鱼类及野生动物管理局的生物学家、总编辑。工作期间，她接触到不少研究虫害的生物学家，开始了解一种叫 DDT 的除虫剂。卡森认为这种除虫剂存在一定的安全危害，特地写了一篇文章，可是没有引起重视，并未被刊载。20 世纪 50 年代，卡森见农药、杀虫剂使用得越来越频繁，给环境、动植物的生存带来很大损害，便决心用文字的力量唤醒人们，停止使用化学制剂。

▼ 人们给庄稼喷洒除虫剂

DDT的化学名为双对氯苯基三氯乙烷。

DDT对昆虫有极强的杀伤力。

DDT损害了其他动物的生命。

▲ 卡森的乐园

儿童时期的蕾切尔·卡森

1907年，卡森出生在美国宾夕法尼亚州的一个家庭农场里。自然而然，那里成了她儿时的乐园。猪、牛、羊，田野、山丘甚至散发着青草味儿的草地，都在卡森的脑海中留下了深深的印记。大自然给了卡森灵感，从小时候起，她的写作能力就十分突出。

《寂静的春天》

有了想法之后，卡森马上付诸行动，她开始收集有关DDT如何导致动物死亡，增加人们患病概率的资料。就在卡森投入满腔热情写作的时候，打击却接踵而至。先是她的母亲去世，之后又是卡森自己被确诊为乳腺癌。可这位倡导环保的斗士没有就此倒下，饱受病痛折磨的她足足花了四年时间，终于完成了《寂静的春天》这部伟大的著作。

环保"警钟"长鸣

在《寂静的春天》中，卡森用动人心魄的文字论述了杀虫剂、农药给自然环境带来的严重损害：用来消灭一种害虫、杂草或是昆虫的农药，不仅会破坏其他物种的食物链，伤害许多无辜的野生动植物，而且还可能污染与人类息息相关的土壤、水源、食物。卡森主张，人类是自然的一部分，如果人类破坏了环境，那么将和其他生物一样需要承担相应的后果。

小百科

《寂静的春天》一书出版后，在美国引起了很大反响，卡森因此获得不少支持，人们开始重视一系列的环保问题。最终，美国宣布禁用多种人工杀虫剂，其他国家出于环保考虑，也对杀虫剂实施严格管控。可卡森在《寂静的春天》出版后不到两年就因病去世了。

▶ 蕾切尔·卡森

1980年她被追授"总统自由勋章"。

超乎想象的未来生物学

生物学作为探索生命现象的一门学科，和人类保持着亲密无间的联系。几千年来，人类探索、实践、证实，无数过程的轮回、无数科学家的心血为这门学科夯实了基础，也体现出生物学的必要性。随着科技的发展，未来更深入的生物研究，或许会更深刻地影响我们的世界。

▲ DNA合成

合成生物学崛起

作为生物学中一门年轻新潮的交叉学科，近年来，合成生物学一直保持着迅猛的发展势头。未来，合成生物学还有更广阔的发展前景。疫苗生产、药物研发、制造可再生能源、环境污染治理……合成生物学将在各个领域展现自己的强大实力。当然，更吸引人眼球的是，它还会在DNA合成、微生物菌株的构建等高科技研发方面发光发热。

向精密科学进军

科技是拉动学科发展的马车。正是在它的强大作用下，生物学才取得了今天举世瞩目的成就。无论是电子显微镜、计算机，还是光谱、波谱技术，无疑都为生物学的进步立下了汗马功劳。这些现代化的技术，一方面让生物学研究的周期缩短了，另一方面也使得各方面数据、成果更准确。相信未来在科技的武装下，生物学将会变成一门更加精密的科学。

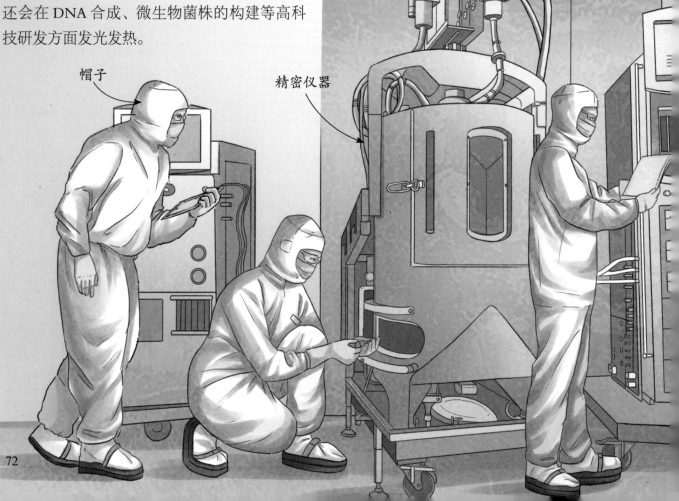

帽子

精密仪器

生物学与其他学科相融合

科学就像五彩缤纷的万花筒，由各种学科交织而成，而生物学的发展离不开其他学科的鼎力相助。无论过去、现在还是未来，生物学既在向其他学科渗透，同样也在被其他学科渗透。因为只有多学科通力合作，才能解决那些错综复杂的难题。X 射线衍射技术与 DNA 双螺旋结构的发现就是一个很好的例子。

虽然我们很难说清，生物学到底与哪门学科的关系比较紧密，但从成果来看，它与医学的关系似乎更密切。近三百年来，生物学用它超乎想象的影响力，极大地促进了医学的发展。生物学不但帮助我们了解了很多疾病的发生机理，还探索出了基因诊断、基因治疗等多种医学方法。未来，相信生物学还将在这一方面有所突破，继续为人类健康做出贡献。

照片51号

▲ 罗莎琳德·富兰克林

富兰克林拍到了一张 B 型 DNA 的 X 射线晶体衍射照片。

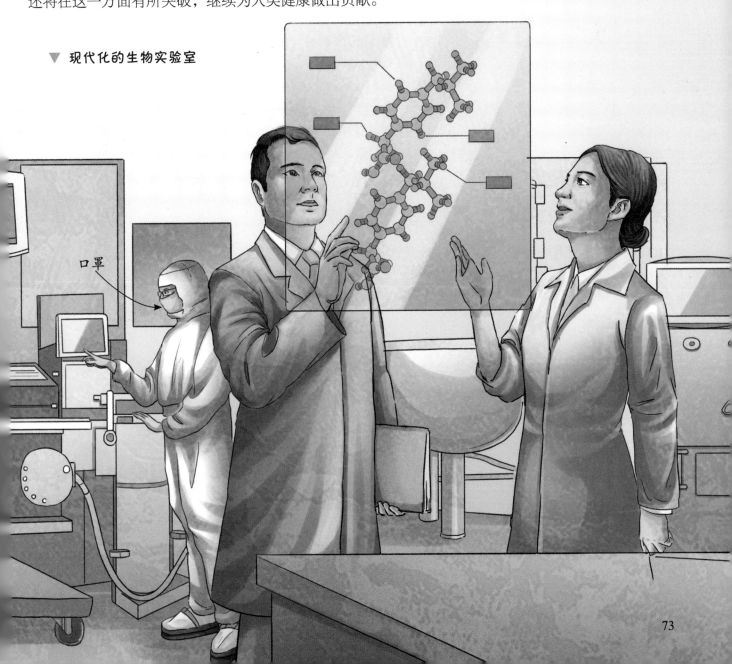

▼ 现代化的生物实验室

口罩